高等职业教育 CAD/CAM/CAE 系列教材

CATIA V5 数控加工教程

李雅娜 编

机械工业出版社

本书基于 CATIA V5R21 版本编写，系统地介绍了 CATIA 常用数控加工模块的功能与应用方法，把软件知识点和制造技术有机地进行融合。全书共分 7 个项目，包括 CATIA 数控加工认知、2.5 轴加工、轴向加工操作、三轴曲面加工、多轴曲面加工、车削加工和 CATIA 数控加工管理。为提高读者的应用能力，本书在每个具体项目中配有综合练习实例。

本书可作为高等职业院校和技师学院数控技术专业、智能制造装备技术专业、机电一体化技术专业、电气自动化技术专业以及其他加工制造类相关专业的教材，也可作为工程技术人员的参考资料和培训教材。

本书配有电子课件，凡使用本书作为授课教材的教师可登录机械工业出版社教育服务网 www.cmpedu.com，注册后下载。咨询电话：010-88379375。

图书在版编目（CIP）数据

CATIA V5 数控加工教程/李雅娜编. —北京：机械工业出版社，2021.5
高等职业教育 CAD/CAM/CAE 系列教材
ISBN 978-7-111-67935-6

Ⅰ.①C… Ⅱ.①李… Ⅲ.①数控机床-加工-计算机辅助设计-应用软件-高等职业教育-教材 Ⅳ.①TG659-39

中国版本图书馆 CIP 数据核字（2021）第 061094 号

机械工业出版社（北京市百万庄大街 22 号 邮政编码 100037）
策划编辑：薛 礼 责任编辑：薛 礼
责任校对：陈 越 封面设计：张 静
责任印制：郜 敏
北京富资园科技发展有限公司印刷
2021 年 7 月第 1 版第 1 次印刷
184mm×260mm · 11.25 印张 · 278 千字
0001—1000 册
标准书号：ISBN 978-7-111-67935-6
定价：35.00 元

电话服务   网络服务
客服电话：010-88361066   机 工 官 网：www.cmpbook.com
　　　　　010-88379833   机 工 官 博：weibo.com/cmp1952
　　　　　010-68326294   金 书 网：www.golden-book.com
封底无防伪标均为盗版   机工教育服务网：www.cmpedu.com

→ 前 言 ←

　　CATIA 是法国达索公司开发的高端 CAD/CAE/CAM 一体化软件，该软件为产品的设计与开发提供了丰富的风格以及外形设计、机械设计、设备与系统工程、管理数字样机、机械加工、分析和模拟等功能。CATIA 的各个模块基于统一的数据平台，模块间存在着真正的全相关性，三维模型的修改能完全体现在二维模型、模拟分析、模具和数控加工的程序中。

　　CATIA 适用对象涵盖的范围包括汽车、航空航天、消费品、制造与装配、工厂设计、机车及重型机械等，它提供了一套全面的解决方案，可以建设一个完善的产品开发环境。

　　本书基于 CATIA V5R21 版本编写，全面、系统地介绍了 CATIA 数控加工模块中多种数控加工方法。全书共有 7 个项目，所涉及的内容涵盖了目前生产、教学中所使用的各类机床和加工方式，以加工实例为载体进行了详细讲解，增加了本书的可读性和指导性。

　　由于作者水平有限，本书难免存在不足与疏漏之处，诚恳希望读者提出批评和修改意见，同时也感谢各位读者能选择本书，希望本书能为大家的工作和学习带来帮助。

编　者

➔ 目 录 ←

CATIA数控加工认知

本项目介绍的菜单命令和工具栏工具在数控（NC）制造加工中是通用的，接下来将以 2.5 轴加工工作台为例介绍相应的功能命令。

任务 1.1　数控加工工作台介绍

学习目标

1. 了解数控加工工作台的功能及工作界面中各工具栏的作用。
2. 了解制造加工的含义及作用。

工作任务

能运用多种方式进入数控加工工作台。

1. 进入工作台

进入 CATIA V5 数控加工工作台的方法有多种。

方法 1：通过 开始 菜单，进入数控加工工作台，如图 1-1 所示。

方法 2：通过 文件 下拉菜单，进入数控加工工作台，如图 1-2 所示。

方法 3：通过工作台工具，进入数控加工工作台，如图 1-3 所示。

2. 工艺过程、产品、资源（P.P.R 模型）

P.P.R（Process/Product/Resources）模型在全部制造应用程序中共用（如 NC 制造、机器人、焊接、检查等），如图 1-4 所示。

利用产品和资源的分配，就可以把设计（Product）、加工（Process）和资源链接在一起并管理它们。

3. 制造加工的基本定义

（1）零件操作　如图 1-5 所示，特征树上的"Part Operation"称为零件操作，缩写为 PO，是指被加工零件在同一机床、一次装夹的工艺过程，零件操作通过工装夹具和安装件链接在一起。

（2）加工程序　如图 1-5 所示，特征树上"Manufacturing Program"称为加工程序，它记录了纳入刀具路径计算的 NC 对象的处理顺序：加工操作、辅助操作。

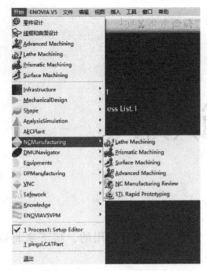

图1-1　通过"开始"菜单进
入数控加工工作台

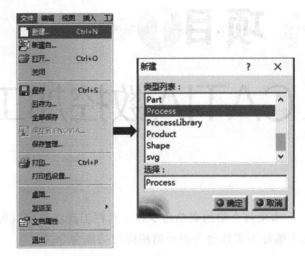

图1-2　通过"文件"下拉菜单进入数控加工工作台

图1-3　通过"工作台工具"菜单进入数控加工工作台

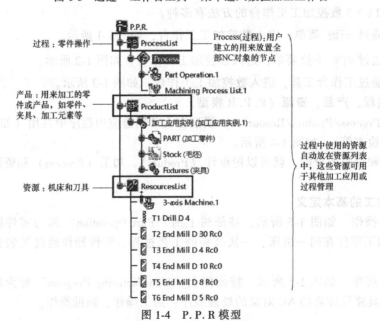

图1-4　P. P. R模型

（3）加工操作 如图1-6所示，"Machining Operations"称为加工操作，缩写为MO，包括用同一刀具加工一个工件的一个局部的全部必要信息，如钻孔、铣凹槽、粗加工、扫描加工等。

图1-5 零件操作、加工程序

（4）辅助操作 如图1-7所示，"Auxiliary Operations"称为辅助操作，包括多个控制功能，如更换刀具、机床转动工作台或摆头，这些命令用特殊的后置处理指令说明。

图1-6 加工操作

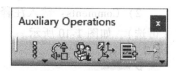

图1-7 辅助操作

任务1.2 建立零件操作（PO）

学习目标

掌握建立零件操作的方法。

工作任务

会建立零件操作。

1. 建立零件操作的过程

进入任意一个NC加工平台后，单击 "Part Operation" 按钮，弹出如图1-8所示对话框，对各项加工要素进行定义。

1）定义几何对象 Geometry ：被加工工件、毛坯、安全面、IPM实体（仅车削）。

2）选择加工所用机床 ：3轴、3轴回转台、5轴数控铣床、卧式车床、立式车床等。

3）定义加工坐标系 。

4）定义零件操作选项 Position ：换刀点、机床设置等说明。

2. 建立零件操作的目的

零件操作组合了零件加工所有必要的技术信息，这些信息包括机床、装夹、加工坐标系等。

一个特征树可以包含多个零件操作，必要时可以在不同的加工阶段改变机床或装夹。

一个零件操作涉及一台机床，定义一次零件装夹，设定的坐标系是生成APT或NC代码点的坐标的参考坐

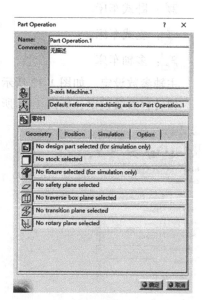

图1-8 零件操作（PO）定义

标系。

3. 建立一个零件操作（PO）

1）进入任意一个 NC 加工平台后，单击建立零件操作 按钮。

2）双击操作树上新建立的零件操作节点，如图 1-9 所示。

3）在图 1-8 所示零件操作对话框中对零件操作的必要参数进行定义。

4. 零件操作选项

1）Name：输入零件操作名（默认名是 Part Operation. X），如图 1-10 所示。

2）Comments：输入注释信息，注释的内容在生成的 APT、CLFILE 和 NC 代码的开头（可选），如图 1-10 所示。

图 1-9　特征树

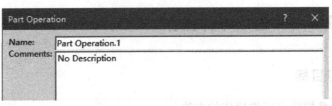

图 1-10　零件操作名及注释信息图

3）在如图 1-11 所示对话框中选择机床类型 。

：3 轴铣床。

：3 轴回转台铣床。

：5 轴数控铣床。

：卧式车床。

：立式车床。

：多轴车床。

主轴参数设定，如图 1-12 所示。

回转台参数设定，如图 1-13 所示。

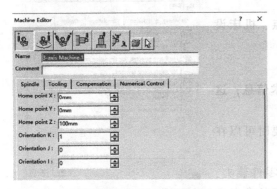

图 1-11　定义机床对话框

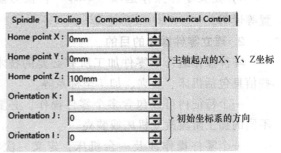

图 1-12　主轴参数设定对话框

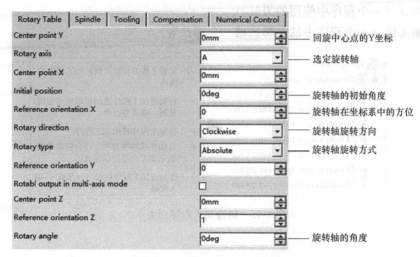

图 1-13 回转台参数设定对话框

4）建立加工坐标系 。在图 1-14 所示对话框中，选择图标上的感应区，并在零件或部件上选取相应的几何元素以确定坐标系。

图 1-14 建立坐标系对话框

5）关联一个产品或零件到零件操作 。

6）设置机床的加工位置。

5. 建立制造加工程序

（1）为什么需要制造加工程序 制造加工程序是用来记录纳入刀具路径计算的 NC 对象的次序，如加工操作、辅助操作和 PP 指令，如图 1-15 所示。

（2）建立一个制造加工程序 任意 NC 平台上，在"Manufacturing Program"工具栏单击 按钮，可以在当前节点（零件操作或制造加工程序）后建立新的制造加工程序。

一个零件操作可以包含一个或多个制造加工程序，这些制造加工程序可以按用户要求重新组织：

1）按加工阶段（粗加工、半精加工、精加工等）。

2）按刀具（一个程序中使用的刀具）。

3）按加工体（一个程序中的全部凹槽、全部孔等）。

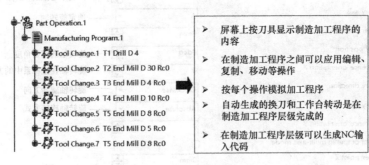

图 1-15　制造加工程序列表

4）在 V 加工坐标系中，在图 1-14 所示右侧对话框中，通过图标工具栏可以对位、旋转并在工作台上选取相应的几何元素作为加工基准。

5）关联一个产品或是相应零件进行操作。

6）定制进刀和加工余量。

→ 项目②←

2.5轴加工

任务 2.1　2.5 轴铣削加工工作台介绍

学习目标

1. 了解进入 2.5 轴铣削加工工作台的多种方法。
2. 掌握建立 2.5 轴铣削加工操作的方法。

工作任务

会建立 2.5 轴铣削加工操作。

1. 进入工作台

进入 CATIA V5 2.5 轴铣削加工工作台的方法有多种。

方法 1：通过 开始 菜单，进入 2.5 轴加工工作台，如图 2-1 所示。

方法 2：通过 文件 下拉菜单，进入 2.5 轴加工工作台，如图 2-2 所示。

方法 3：通过工作台工具，进入 2.5 轴加工工作台，如图 2-3 所示。

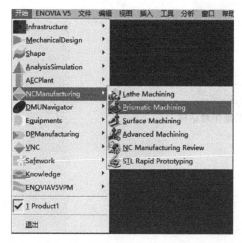
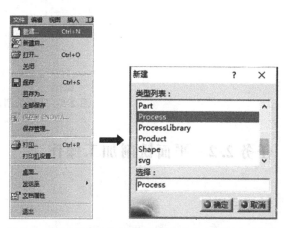

图 2-1　通过"开始"菜单进入 2.5 轴加工工作台　图 2-2　通过"文件"下拉菜单进入 2.5 轴加工工作台

图 2-3 通过"工作台工具"菜单进入 2.5 轴加工工作台

2. 建立 2.5 轴铣削加工操作

1）在图 2-4 所示的加工操作工具栏中，选择要建立的 2.5 轴铣削加工操作。

图 2-4 铣削加工操作工具栏

2）在当前对象后建立一个新操作，显示操作对话框，如图 2-5 所示。

3）在对话框中定义要加工的几何体及参数。

4）演示刀具路径。

5）确认建立操作。

图 2-5 凹槽铣削加工操作对话框

任务 2.2 平面铣削加工操作

学习目标

1. 确定进行平面铣削加工的对象。

2. 掌握加工策略参数的含义及定义方法。

3. 掌握定义刀具的方法。

4. 掌握进、退刀宏的定义方法。

工作任务

能够设定合理的参数进行平面铣削。

1. 平面加工定义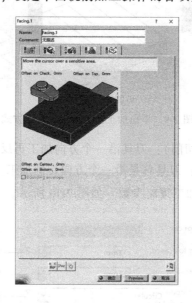

平面加工就是在一个没有内部岛的平面区域上等量偏移切除材料。

此类加工设定参数时需注意：

1）只能用软边界限定平面区域。

2）刀具轴线垂直于被加工平面。

3）沿轴向和径向可以一次或多次切除材料。

4）可用向内环切、往复切削（行切）或单向切削走刀方式加工平面区域。

2. 平面铣削加工操作概述

在图2-6所示的对话框中，设定平面铣削加工操作的各项参数。

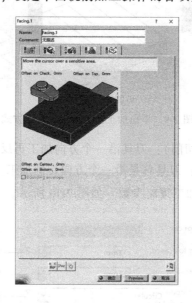

图2-6 平面铣削加工操作对话框

1）输入操作名称，如图2-7所示。

2）输入注释，如图2-7所示。

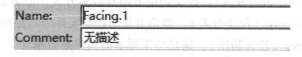

图2-7 操作名称及注释的输入

3）定义5个选项卡的参数。

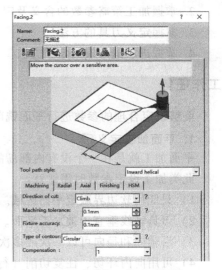

：策略选项卡。

：被加工件选项卡。

：刀具选项卡。

：进给速度和主轴速度选项卡。

：宏选项卡。

4）刀具路径的演示与仿真。

3. 定义加工策略

单击加工策略 选项卡，弹出如图 2-8 所示对
话框，对各项策略参数进行设置。

（1）平面加工操作的走刀方式　如图 2-9 所示。

1）Inward helical（向内环切）：刀具从被加工区
域外的一点开始，沿平行于边界的路径向内切削。

图 2-8　定义加工策略对话框

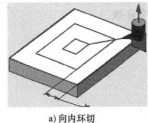
a) 向内环切

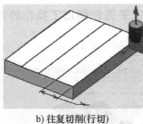
b) 往复切削(行切)

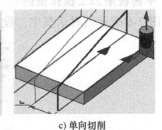
c) 单向切削

图 2-9　平面加工操作的三种走刀方式

2）Back and forth（往复切削）：刀具沿一个方向加工再反向加工。

3）One way（单向切削）：刀具总是沿一个方向切削加工。

（2） Machining 定义切削加工策略参数　如图 2-10 所示。

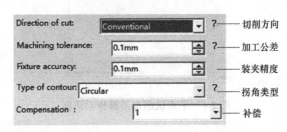

图 2-10　定义切削加工策略参数

1）Direction of cut（切削方向）：定义切削方向有两种方式，如图 2-11 所示。

2）Machining tolerance（加工公差）：理论刀具路径与实际刀具路径间允许的最大距离。

3）Fixture accuracy（装夹精度）：满足加工要求的夹具定位精度。

4）Type of contour（拐角类型）：如图 2-12 所示。

① Circular（圆弧）：刀具中心沿圆弧运动，刀具中心到轮廓的距离等于刀具半径。

② Angular（尖角）：刀具不保持与轮廓的拐角位置的点接触，刀具的路径由两条线段

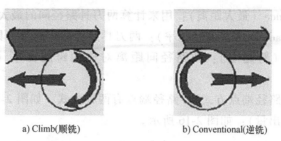

a) Climb(顺铣)　　　　　　b) Conventional(逆铣)

图 2-11　定义切削方向的两种方式

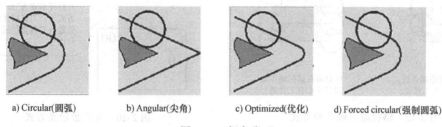

a) Circular(圆弧)　　b) Angular(尖角)　　c) Optimized(优化)　　d) Forced circular(强制圆弧)

图 2-12　拐角类型

组成。

③ Optimized（优化）：刀具沿角点相切连续的路径运动。

④ Forced circular（强制圆弧）：刀具沿接近圆弧的线段运动。

5）Compensation（补偿）：使用的刀具补偿编码，在刀具中已定义。

（3）　Radial　定义径向策略参数　如图 2-13 所示。

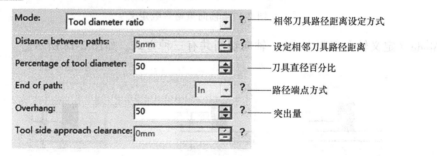

图 2-13　定义径向策略参数

1）Mode（相邻刀具路径距离设定方式）：相邻刀具路径距离设定共有三种方式，如图 2-14 所示。

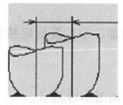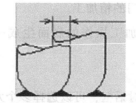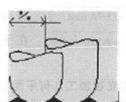

a) Maximum distance(最大距离)　　b) Tool diameter radio(刀具直径比率)　　c) Stepover radio(跨越率)

图 2-14　相邻刀具路径距离设定方式

① Maximum distance（最大距离）：用来计算两刀具路径间的最大距离。

② Tool diameter radio（刀具直径比率）：两刀具路径的距离与刀具直径的比值。

③ Stepover radio（跨越率）：两路径间距离对应的跨越比率（10%跨越 = 90%刀具直径）。

2）End of path（路径端点方式）：路径端点有两种方式，如图 2-15 所示。

3）Overhang（突出量）：如图 2-16 所示。

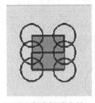 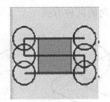

a) In(在路径端点处，刀具中心在工件上)　　b) Out(在路径端点处，刀具中心在工件外)

图 2-15　路径端点的两种方式

在路径端点为"In"的方式下，刀具路径的外延占刀具直径的百分比

图 2-16　突出量定义方式

（4）Axial 定义轴向策略参数　如图 2-17 所示。

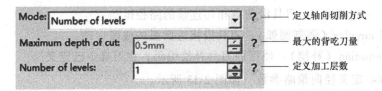

定义轴向切削方式

最大的背吃刀量

定义加工层数

图 2-17　轴向策略参数定义

Mode（定义轴向切削方式）：轴向切削共有三种方式，如图 2-18 所示。

  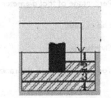

a) Maximum depth of cut（定义最大背吃刀量）　　b) Number of levels（定义加工层数）　　c) Numbers of levels without top（定义分层数和除顶层外每层切深）

图 2-18　定义轴向切削方式

（5）Finishing 定义底部精加工参数

1）No finish pass：不进行专门的精加工。

2）Finish bottom only：在平面加工操作的底面生成一个精加工层，需给定精加工层厚度值。

4. 定义被加工几何平面
该选项卡是一个有感应区的对话框，可以选择多个元素，如图 2-19 所示。

5. 选择刀具
单击选择刀具选项卡，弹出如图 2-20 所示对话框，对刀具参数进行设置。

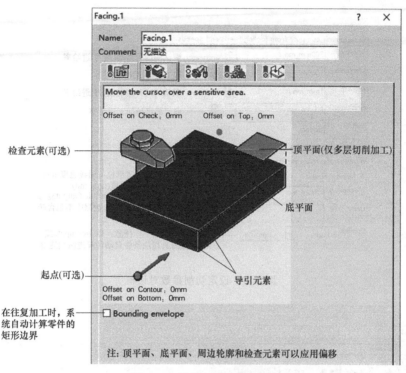

图 2-19　待加工平面的定义

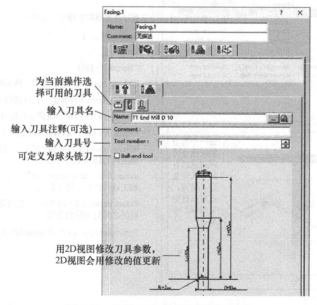

图 2-20　选择及设定刀具参数对话框

6. 确定切削参数

单击切削参数选项卡，弹出如图 2-21 所示对话框，对切削参数进行设置。

7. 定义进、退刀宏

单击定义进、退刀宏选项卡，弹出如图 2-22 所示对话框，对进、退刀的方式进行设置。

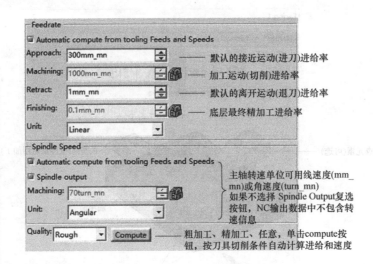

图 2-21　设定切削参数对话框

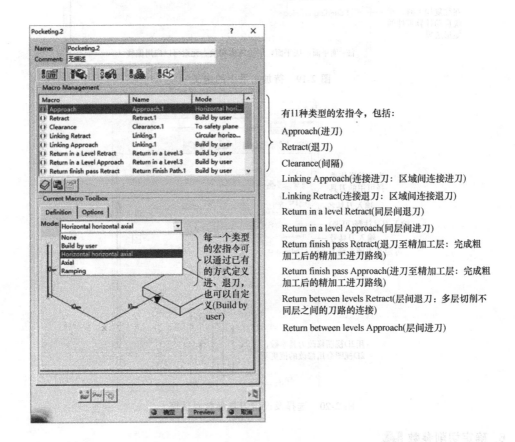

图 2-22　进、退刀宏定义对话框

可通过图 2-23 中所显示的方式添加进、退刀的类型并修改数值。

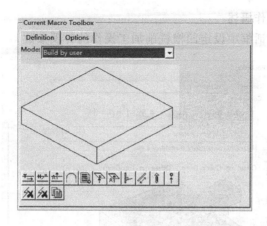

图 2-23　自定义宏工具栏

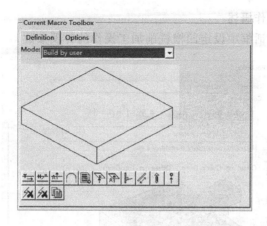 ：相切；

 ：垂直；

 ：轴向；

 ：圆弧；

 ：加入 PP 值；

 ：垂直于某指定平面；

 ：沿轴向运动到指定平面；

 ：运动至直线；

 ：沿直线运动指定的距离；

 ：刀具轴线运动；

 ：运动到指定点；

 ：删除所有设定的运动；

 ：删除指定的运动；

 ：复制进刀或退刀宏。

任务 2.3　凹槽铣削加工操作

学习目标

1. 确定进行凹槽铣削加工的对象。
2. 掌握加工策略参数的含义及定义方法。

工作任务

能够设定合理的参数进行凹槽铣削。

1. 凹槽加工定义

凹槽加工操作就是加工下陷的凹槽，中间可以有岛。

此类加工设定参数时需注意：

1）可以使用硬或软外部边界。

2）岛只限于使用硬边界。

3）可以分层切除材料。

4）刀具开始和结束加工时应在凹槽的顶面。

5）凹槽加工可以采用向外环切、向内环切或往复切削（行切）加工方式。

2. 凹槽铣削加工操作概述

在图 2-24 所示的对话框中设定凹槽铣削加工操作的各项参数。

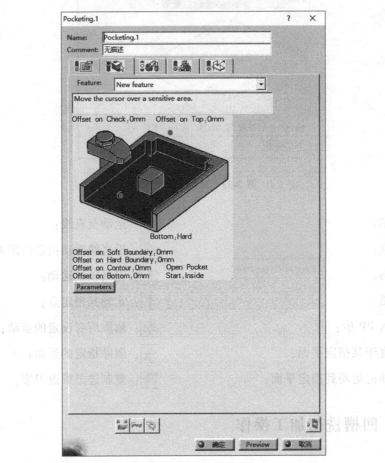

图 2-24　凹槽铣削加工操作对话框

1）输入操作名称，如图 2-25 所示。

2）输入注释，如图 2-25 所示。

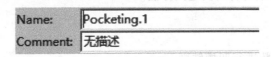

图 2-25　操作名称及注释的输入

3）定义 5 个选项卡的参数。

：策略选项卡。

：被加工件选项卡。

：刀具选项卡。

：进给速度和主轴速度选项卡。

：宏选项卡。

4）刀具路径的演示与仿真。

3. 定义加工策略

单击加工策略 选项卡，弹出如图 2-26 所示对话框，对各项策略参数进行设置。

（1）凹槽铣削加工的五种走刀方式 如图 2-27 所示。

1）Outward helical（向外环切）：刀具从中间下刀，向外沿平行于边界的路径切削，避开岛。

2）Inward helical（向内环切）：刀具从外轮廓下刀，向内沿平行于边界的路径切削，避开岛。

3）Back and forth（往复切削）：刀具沿一个方向切削后再反向切削，反复往返。

4）Offset on part One-way：沿边界轮廓偏移且始终单一方向铣削。

5）Offset on part Zig-zag：沿边界轮廓偏移且往复铣削。

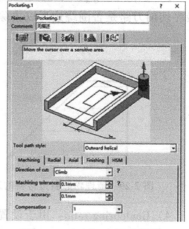

图 2-26 定义加工策略对话框

（2） Radial 定义径向策略参数 如图 2-28 所示。

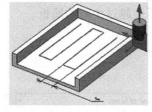

a) 向外环切

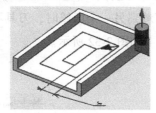

b) 向内环切

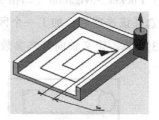

c) 往复切削(行切)

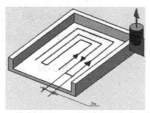

d) 沿边界单向切削

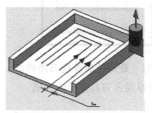

e) 沿边界往复切削

图 2-27 凹槽铣削加工的五种走刀方式

图 2-28 定义径向策略参数

1）Avoid scallops on all levels：系统将调节合适的步距，以避免各层材料的残留。

2）Truncated transition paths：仅在"Tool path style"为"Back and forth"方式下有效，用于清理轮廓斜边的材料，如图2-29所示。

3）Contouring pass：仅在"Tool path style"为"Back and forth"方式下有效，用于设置最终切削刀路是否围绕边界以去除多余的材料残留，如图2-30所示。

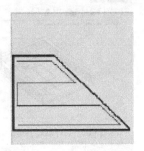

图2-29　清理轮廓斜边材料的刀路

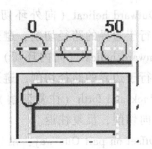

图2-30　围绕边界去除多余材料残留的刀路

4）Contouring ratio：用于设置最终轮廓清理刀路的清理厚度占刀具直径的比例数值，如图2-31所示。

5）Pocket Navigation（凹槽加工导航）：可选项 □ Always stay on bottom （刀具总与底面接触），选择该选项后，加工一个区域到另一个区域时，刀具不会越过中间的筋板。

（3）Axial 定义轴向策略参数　如图2-32所示。

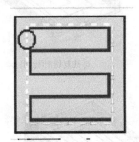

图2-31　最终轮廓清理刀路的清
理厚度占刀具直径的比例

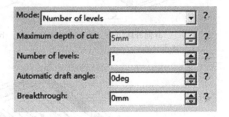

图2-32　定义轴向策略参数

1）Automatic draft angle：内壁自动施加起模角，如图2-33所示。

2）Breakthrough：在给定软底面时，可按指定的虚拟底面给定偏移，如图2-34所示。

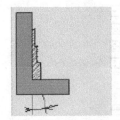

图2-33　内壁自动施加起模角

图2-34　设定与虚拟底面的偏移量

（4）Finishing 定义精加工策略参数　如图2-35所示。

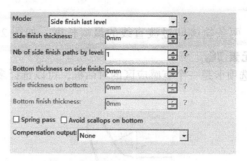

图 2-35　精加工策略参数设定

1）Mode（定义精加工方式）：精加工共有六种方式，如图 2-36 所示。

a) No finish pass
（无精加工）

b) Side finish last pass
（最后一层进行径向精加工）

c) Side finish each level
（每一层都进行径向精加工）

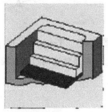

d) Finish bottom only
（最后一层精加工底面）

e) Side finish at each level & bottom
（每一层进行径向精加工及精加工底面）

f) Side finish at last level & bottom
（最后一层进行径向精加工及精加工底面）

图 2-36　精加工的六种方式

2）Spring pass：复制最后精加工步骤，以补偿加工时的让刀。

3）Avoid scallop on bottom：修改最后层的排刀距离，避免出现底面残料。

（5）　HSM 高速铣策略参数　如图 2-37 所示。

1）Corner radius：高速加工拐角的圆角半径，如图 2-38 所示。

2）Limit angle：高速加工圆角的最小角度，如图 2-39 所示。

3）Extra segment overlap：高速加工圆角时所产生的额外路径的重叠长度，如图 2-40 所示。

4）Transition radius：结束轨迹移动到新轨迹时的开始及结束过渡圆角的半径值，如图 2-41 所示。

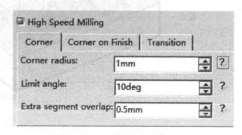

图 2-37　高速铣策略参数

5）Transition angle：结束轨迹移动到新轨迹时的开始及结束过渡圆角的角度值，如

图 2-42 所示。

6）Transition length：两条轨迹间过渡直线的最短长度，如图 2-43 所示。

4. 定义被加工几何元素

定义被加工几何元素选项卡是一个有感应区的对话框，可以选择多个元素，如图 2-44 所示。

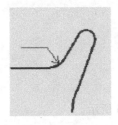

图 2-38　Corner radius
（高速加工拐角的圆角半径）

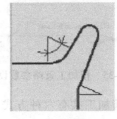

图 2-39　Limit angle
（高速加工圆角的最小角度）

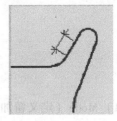

图 2-40　Extra segment overlap
（高速加工圆角时所产生的
额外路径的重叠长度）

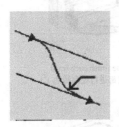

图 2-41　Transition radius
（开始及结束过渡圆角的半径值）

图 2-42　Transition angle
（开始及结束过渡圆角
的角度值）

图 2-43　Transition length
（两条轨迹间过渡直线
的最短长度）

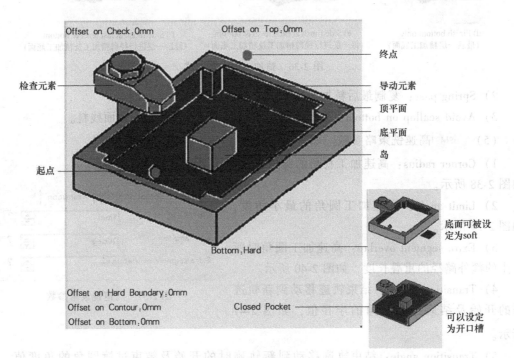

图 2-44　凹槽的定义

任务 2.4 外形轮廓加工操作

学习目标

1. 确定进行外形轮廓铣削加工的对象。
2. 掌握加工策略参数的含义及定义方法。

工作任务

能够设定合理的参数进行外形轮廓铣削。

1. 外形轮廓加工定义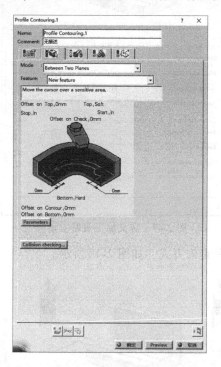

外形轮廓加工可以沿硬边界切削材料。

此类加工设定参数时需注意:

1) 硬边界可以开放或封闭。

2) 不管是单层加工还是多层加工,材料都是沿轴向从上到底面被切除。

3) 沿径向,单次或多次平行于硬边界走刀方向切除材料。

4) 切除区域可按 One way 或 Zig zag 方式加工。

2. 外形轮廓加工操作概述

在图 2-45 所示的对话框中,设定外形轮廓加工操作的各项参数。

图 2-45 外形轮廓加工操作参数设定对话框

1) 输入操作名称,如图 2-46 所示。

2）输入注释，如图 2-46 所示。

3）定义 5 个选项卡的参数。

图 2-46　操作名称及注释的输入

：策略选项卡。

：被加工件选项卡。

：刀具选项卡。

：进给速度和主轴速度选项卡。

：宏选项卡。

4）刀具路径的演示与仿真。

3. 定义加工策略

单击定义加工策略　选项卡，弹出如图 2-47 所示对话框，对各项策略参数进行设置。

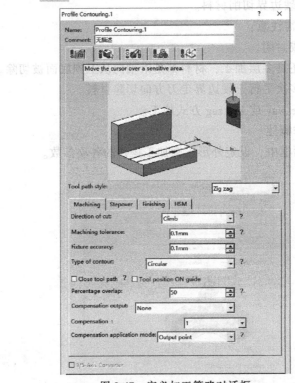

图 2-47　定义加工策略对话框

1）外形轮廓加工的三种走刀方式，如图 2-48 所示。

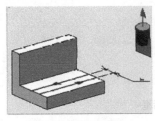

a) Zig-zag(往复切削)

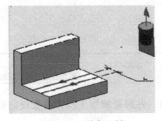

b) One way(单向切削)

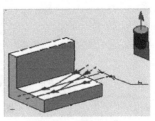

c) Helix(螺旋铣削)

图 2-48　外形轮廓加工走刀方式

2） Machining 定义切削加工策略，如图 2-49 所示。

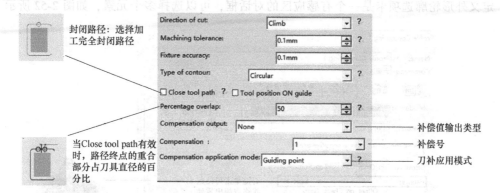

封闭路径：选择加工完全封闭路径
Direction of cut: Climb
Machining tolerance: 0.1mm
Fixture accuracy: 0.1mm
Type of contour: Circular
Close tool path
Tool position ON guide
Percentage overlap: 50
Compensation output: None
补偿值输出类型
Compensation : 1
补偿号
Compensation application mode: Guiding point
刀补应用模式
当Close tool path有效时，路径终点的重合部分占刀具直径的百分比

图 2-49　定义切削加工策略参数

3） Stepover 定义跨度策略参数，如图 2-50 所示。

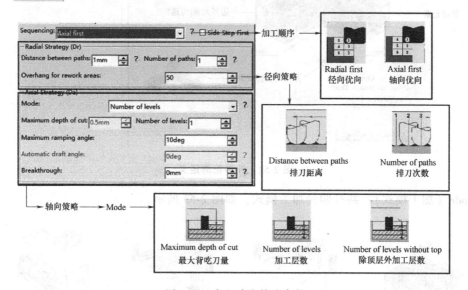

Sequencing: Axial first
Side Step First
加工顺序
Radial Strategy (Dr)
Distance between paths: 1mm
Number of paths: 1
Overhang for rework areas: 50
径向策略
Axial Strategy (Da)
Mode: Number of levels
Maximum depth of cut: 0.5mm
Number of levels: 1
Maximum ramping angle: 10deg
Automatic draft angle: 0deg
Breakthrough: 0mm
Radial first
径向优向
Axial first
轴向优向
Distance between paths
排刀距离
Number of paths
排刀次数
轴向策略
Mode
Maximum depth of cut
最大背吃刀量
Number of levels
加工层数
Number of levels without top
除顶层外加工层数

图 2-50　定义跨度策略参数

4） Finishing 定义精加工参数，如图 2-51 所示。

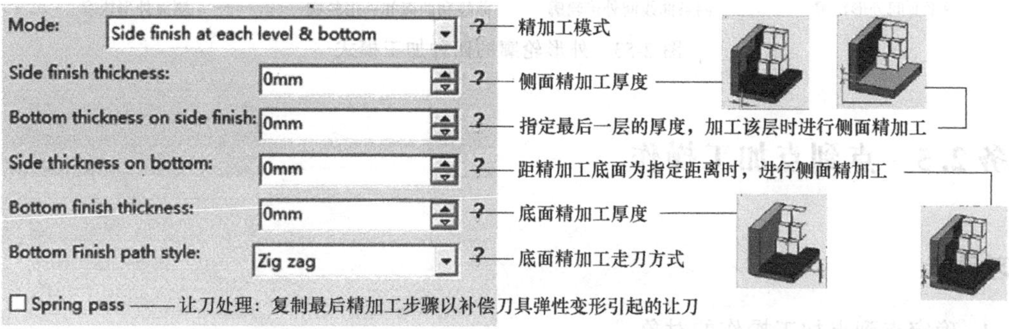

Mode: Side finish at each level & bottom
精加工模式
Side finish thickness: 0mm
侧面精加工厚度
Bottom thickness on side finish: 0mm
指定最后一层的厚度，加工该层时进行侧面精加工
Side thickness on bottom: 0mm
距精加工底面为指定距离时，进行侧面精加工
Bottom finish thickness: 0mm
底面精加工厚度
Bottom Finish path style: Zig zag
底面精加工走刀方式
Spring pass
让刀处理：复制最后精加工步骤以补偿刀具弹性变形引起的让刀

图 2-51　定义精加工参数

4. 定义被加工几何元素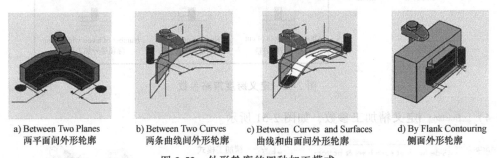

定义外形轮廓选项卡是一个有感应区的对话框，可以选择多个元素，如图2-52所示。

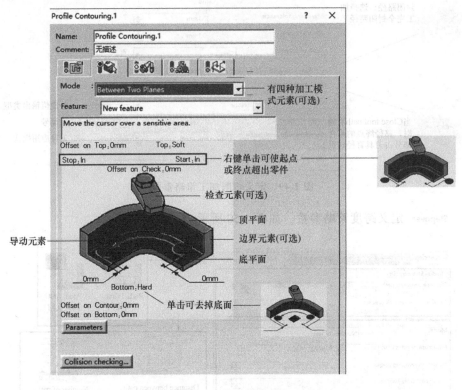

图2-52 外形轮廓定义

Mode（加工模式）：共有四种加工模式，如图2-53所示。

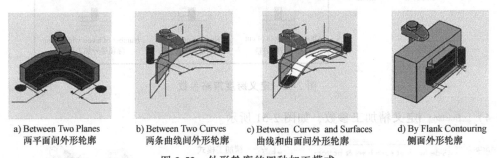

a) Between Two Planes
两平面间外形轮廓

b) Between Two Curves
两条曲线间外形轮廓

c) Between Curves and Surfaces
曲线和曲面间外形轮廓

d) By Flank Contouring
侧面外形轮廓

图2-53 外形轮廓的四种加工模式

任务2.5 点到点加工操作

学习目标

1. 确定点到点加工操作的对象。

2. 掌握加工策略参数的含义及定义方法。

工作任务

能够设定合理的参数进行点到点加工操作。

1. 点到点加工定义

点到点加工就是按给定的切削用量，刀具在选择的点间运动。

此类加工设定参数时应注意：选择点的顺序决定刀具的轨迹。

2. 点到点加工操作概述

在图2-54所示的对话框中，设定点到点加工操作的各项参数。

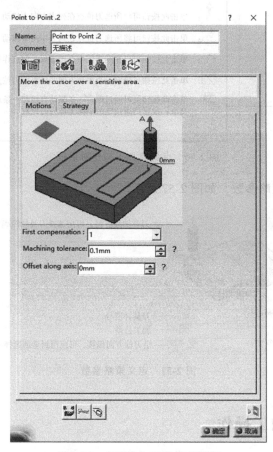

图2-54 点到点加工操作对话框

1）输入操作名称，如图2-55所示。

2）输入注释，如图2-55所示。

3）定义5个选项卡的参数。

：策略选项卡。

：被加工件选项卡。

：刀具选项卡。

：进给速度和主轴速度选项卡。

Name:	Point to Point .2
Comment:	无描述

图2-55 操作名称及注释的输入

: 宏选项卡。

4) 刀具路径的演示与仿真。

3. 定义加工策略

1) Motions 中各按钮的用途，如图 2-56 所示。

	: 在刀位点列表中选择一个刀位点，单击此按钮可对其进行编辑修改
✗ : 单击此按钮可删除所选的刀位点
↑ : 单击此按钮可将所选刀位点在列表中向上移动一个位置
↓ : 单击此按钮可将所选刀位点在列表中向下移动一个位置
↗ : 单击此按钮可以在图形区中直接选取几何点作为刀具的驱动点
↗ : 单击此按钮可设定一个矢量方向并使当前刀位点沿该矢量偏移一定距离
↗ : 单击此按钮可以通过确定一条驱动直线和一条边界直线求取这两条线的交点，投影到所指定的平面上作为刀位点

图 2-56　点到点加工操作对话框

2) Strategy 定义策略参数，如图 2-57 所示。

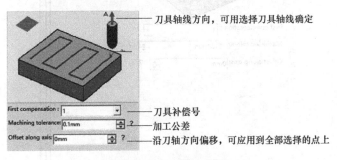

刀具轴线方向，可用选择刀具轴线确定

First compensation : 1 —— 刀具补偿号
Machining tolerance: 0.1mm —— 加工公差
Offset along axis: 0mm —— 沿刀轴方向偏移，可应用到全部选择的点上

图 2-57　定义策略参数

任务2.6　曲线加工操作

学习目标

1. 确定曲线加工操作的对象。

2. 掌握加工策略参数的含义及定义方法。

工作任务

能够设定合理的参数进行曲线加工操作。

1. 曲线加工定义

曲线加工就是刀尖沿一条曲线运动加工零件。此类加工设定参数时需注意：

1）可以单层或分多层切除材料。

2）起刀点和结束点在曲线的端点。

3）采用 One way 或 Zig zag 走刀方式。

2. 曲线加工操作概述

在图 2-58 所示的对话框中，设定曲线加工操作的各项参数。

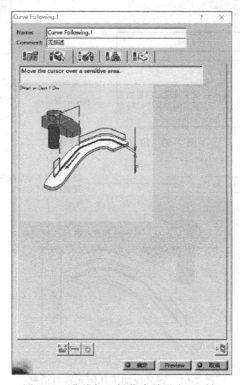

图 2-58　曲线加工操作参数设定对话框

1）输入操作名称，如图 2-59 所示。

2）输入注释，如图 2-59 所示。

3）定义 5 个选项卡的参数。

![策略图标]：策略选项卡。

![被加工件图标]：被加工件选项卡。

![刀具图标]：刀具选项卡。

![进给速度图标]：进给速度和主轴速度选项卡。

![宏图标]：宏选项卡。

4）刀具路径的演示与仿真。

3. 定义加工策略 ![策略图标]

单击加工策略 ![策略图标] 选项卡，弹出如图 2-60 所示对话框，对各项策略参数进行设置。

4. 定义被加工几何元素 ![被加工件图标]

在图 2-61 所示感应区对话框中，设定待加工几何元素。

图 2-59　操作名称及注释的输入

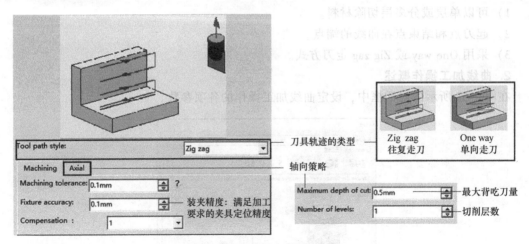

图 2-60　定义加工策略对话框

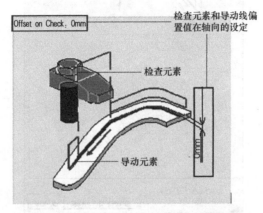

图 2-61　定义待加工几何元素对话框

任务 2.7　2.5 轴零件加工实例

学习目标

1. 根据零件的形状特点确定加工方案。
2. 会设计合理的加工参数。

工作任务

能够针对典型零件设计合理的加工方案并完成零件的仿真加工。

1. 确定加工工艺路线

加工如图 2-62 所示的零件，加工工艺路线如下：

1）钻工艺孔——钻孔加工。
2）粗铣阶梯槽——凹槽铣削加工。
3）阶梯槽补加工——凹槽铣削补加工。

4）外轮廓加工——轮廓铣削加工。

5）精铣阶梯槽——轮廓铣削加工。

6）铣削方槽——凹槽铣削加工。

7）铣削异形槽——凹槽铣削加工。

8）铣削阶梯——轮廓铣削加工，加工过程如图2-63所示。

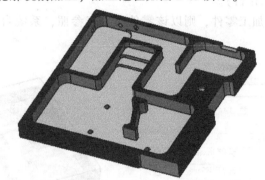

图2-62 2.5轴铣削加工零件

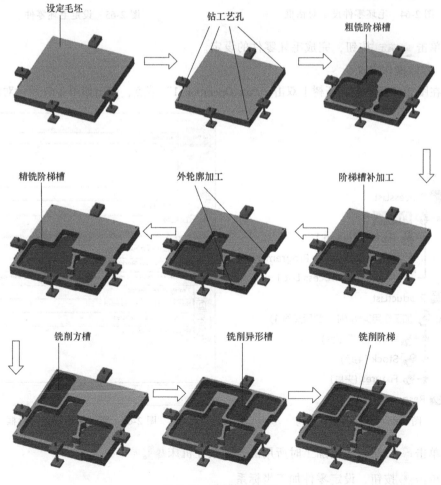

图2-63 零件加工过程

2. 零件加工过程

（1）设定毛坯

1）单击"Geometry Management"工具栏中的毛坯设定 按钮，系统弹出如图 2-64 所示对话框需转换至"三轴曲面加工"或"多轴曲面加工"工作台中，找到该工具栏进行设定，再换回 2.5 轴加工工作台）。

2）在图形区选择待加工零件，则以该零件为毛坯参照，系统自动创建一个毛坯零件，如图 2-65 所示。

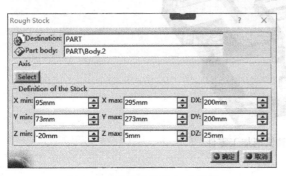

图 2-64　毛坯零件设定对话框

图 2-65　设定毛坯零件

3）单击 确定 按钮，完成毛坯零件的设定。

（2）零件操作定义

1）在图 2-66 所示的特征树上双击"Part Operation.1"节点，弹出如图 2-67 所示对话框。

图 2-66　零件操作特征树

图 2-67　零件操作设定对话框

2）单击 按钮，选定加工时所用的三轴数控机床 。

3）单击 按钮，设定零件加工坐标系。

4）单击 按钮，选取要加工的零件。

5）单击 按钮，选取要加工零件的毛坯。

6）单击 按钮，选取装夹工件所用的夹具。

（3）钻工艺孔

1）在特征树上单击"Manufacturing Pragram. 1"节点，在"Machining Operations"工具栏单击 按钮，建立孔加工操作，系统弹出如图 2-68 所示的孔加工操作对话框。

2）定义加工区域。单击被加工件设定 选项卡，弹出如图 2-69 所示加工区域设定对话框，单击加工零件感应区位置，对话框消失，在图 2-70 显示的待加工零件上选择工件上表面和要加工的四个孔，双击鼠标左键结束设定。

3）定义加工策略。单击策略设定 选项卡，弹出如图 2-71 所示对话框，其中的参数可根据图中所示数值设定，也可以根据实际加工情况设置相应参数。

4）定义刀具参数。单击刀具设定 选项卡，弹出如图 2-72 所示对话框。选择钻头 作为加工刀

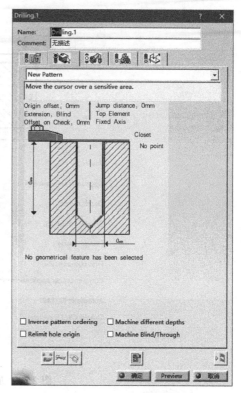

图 2-68　孔加工操作对话框

具，在"Name"文本框中给所用刀具命名，如"T1 Drill D4"，设定刀具直径、长度等参数。

5）定义进给率。单击进给率设定 选项卡，弹出如图 2-73 所示对话框。可根据零件精度等具体要求，自行设定加工时的进给率，如进刀速度、加工速度、退刀速度及主轴转速等参数。

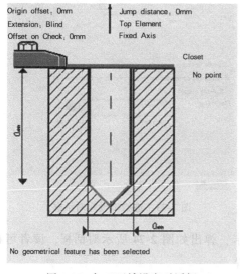

图 2-69　加工区域设定对话框

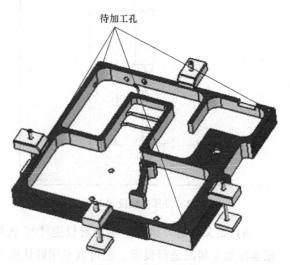

图 2-70　待加工零件

31

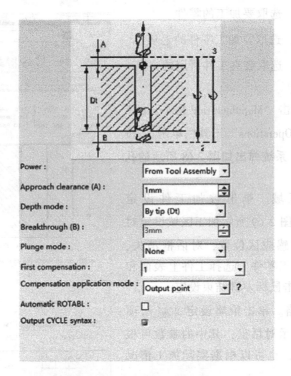

图 2-71 加工策略设定对话框

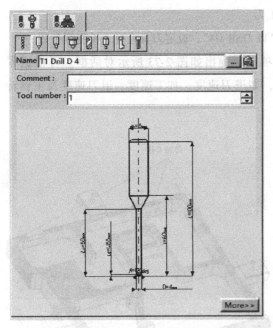

图 2-72 刀具参数设定对话框

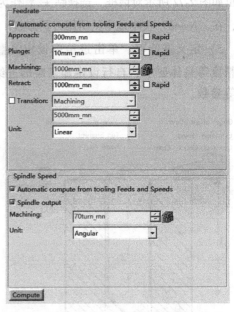

图 2-73 进给率设定对话框

6）定义进退刀路径。单击宏设定 选项卡，弹出如图 2-74 所示对话框，读者可根据实际加工情况进行设定，也可以采用默认的设置。

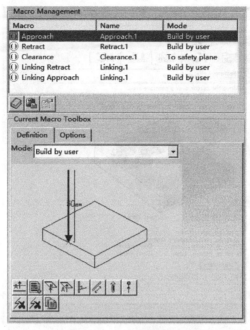

图 2-74 进退刀路径设定对话框

7）在图 2-68 所示对话框中单击 按钮，进行刀具路径预览，如图 2-75 所示。

8）图 2-76 所示操作界面，可以演示零件加工过程。

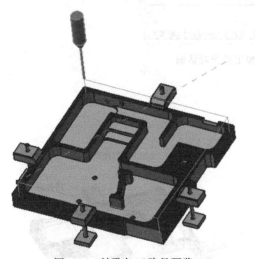

图 2-75 钻孔加工路径预览

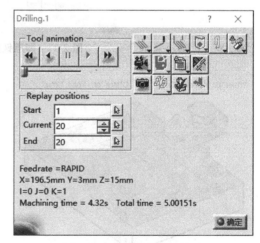

图 2-76 零件加工路径演示

（4）粗铣阶梯槽

1）在"Machining Operations"工具栏中单击 图标，建立凹槽铣削加工操作，弹出如图 2-77 所示凹槽铣削加工操作对话框。

2）定义加工区域。单击被加工件设定 选项卡，弹出如图 2-78 所示加工区域设定对话框，单击加工零件感应区，选择如图 2-79 所示的待加工槽的轮廓和槽底面，选择"Closed Pocket"。

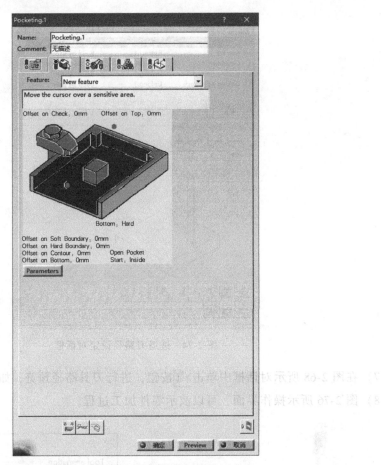

图 2-77　凹槽铣削加工操作对话框

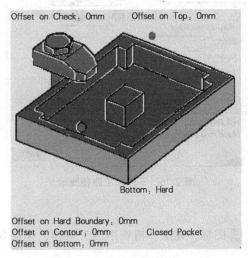

图 2-78　加工区域设定对话框

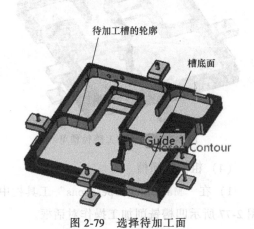

图 2-79　选择待加工面

3）定义加工策略。

单击策略设定 选项卡，Tool path style: _____ Outward helical _____ 在弹出选项卡的

刀具路径类型选项中选择"Outward helical"。

根据图2-80所示对话框中数值设定各项加工参数。

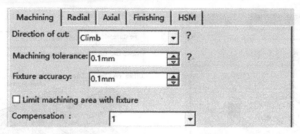

图2-80 加工参数设定对话框

4）定义刀具参数。单击刀具设定 选项卡，选择面铣刀 作为加工刀具，可按照图2-81对话框中所示的数值设定刀具参数，并命名为"T2 End Mill D30 Rc0"。

5）定义进给率及进退刀路径。可根据零件精度等具体要求，自行设定加工时的进给率及进退刀路径，也可采用默认值。

6）在图2-77对话框中单击 按钮，进行刀具路径预览，结果如图2-82所示。

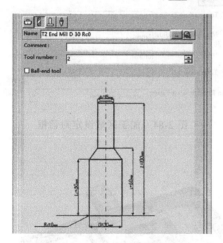

图2-81 T2刀具参数设定

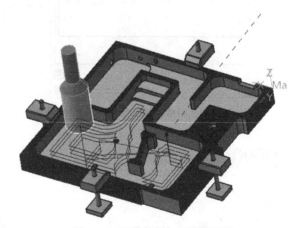

图2-82 凹槽铣削加工路径预览

（5）阶梯槽补加工

1）在"Machining Operations"工具栏中单击 图标，建立凹槽补加工操作，弹出如图2-83所示凹槽补加工操作对话框。

2）定义加工区域。单击被加工件设定 选项卡，弹出如图2-84所示对话框，在"Feature"下拉菜单中选择"Prismatic rework area.2"作为补加工区域，其余的参数可根据图中所示数值设定，也可以根据实际加工情况设置相应参数。

3）定义加工策略。单击策略设定 选项卡，各加工参数与粗铣阶梯槽相同。

4）定义刀具参数。单击刀具设定 选项卡，选择面铣刀 作为加工刀具，可按照图2-85对话框中所示的数值设定刀具参数，并命名为"T3 End Mill D4 Rc0"。

5）定义进给率及进退刀路径。可根据零件精度等具体要求，自行设定加工时的进给率及进退刀路径，也可采用默认值。

6) 在图 2-83 所示对话框中单击 按钮，进行刀具路径预览，结果如图 2-86 所示。

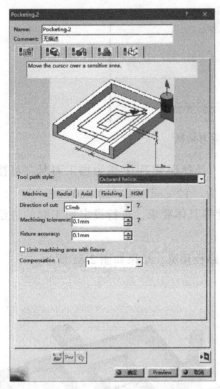

图 2-83　凹槽补加工操作对话框

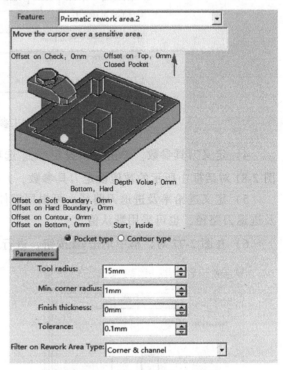

图 2-84　加工区域设定对话框

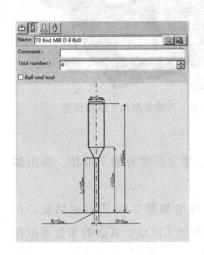

图 2-85　T3 刀具参数设定

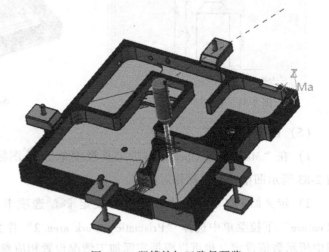

图 2-86　凹槽补加工路径预览

（6）外轮廓加工

1) 在"Machining Operations"工具栏中单击 图标，建立轮廓加工操作，弹出如图 2-87 所示的轮廓加工操作对话框。

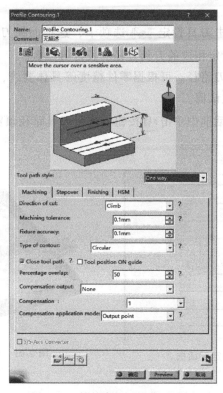

图 2-87　外轮廓加工操作对话框

2）定义加工区域。单击被加工件设定 选项卡，弹出如图 2-88 所示加工区域设定对话框，在加工零件感应区单击图 2-89 所示的引导线。在选择引导线前，可先单击"Edge Selection"工具栏中的 按钮，在弹出的对话框中的"Link types"下拉菜单中选择"No link" Link types: No link ，就可以拾取不连续的引导线。

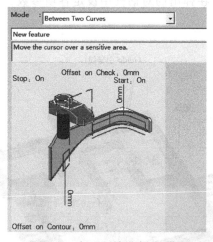

图 2-88　加工区域设定对话框

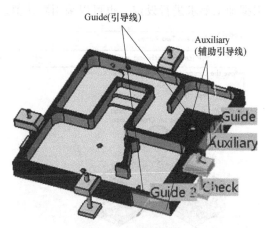

图 2-89　选择引导线

3）定义加工策略。单击策略设定 选项卡，在弹出的图 2-90 所示对话框中设定各项加工参数。

4）定义刀具参数。单击刀具设定 选项卡，选择面铣刀 作为加工刀具，命名为"T4 End Mill D10 Rc0"，设定相应的刀具直径、长度等参数。

5）定义进给率及进退刀路径。可根据零件精度等具体要求，自行设定加工时的进给率及进退刀路径，也可采用默认值。

6）在轮廓铣削加工对话框中单击 按钮，进行刀具路径预览，结果如图2-91所示。

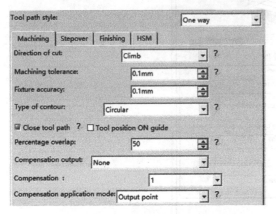

图 2-90　加工参数设定对话框

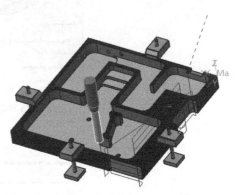

图 2-91　外轮廓加工路径预览

（7）精铣阶梯槽

1）对岛的轮廓进行精加工。

① 在"Machining Operations"工具栏中单击 图标，建立轮廓加工操作，弹出轮廓加工操作设定对话框。

② 定义加工区域。单击被加工件设定 选项卡，弹出如图2-92所示加工区域设定对话框，在加工零件感应区单击后选择图2-93所示的引导线和底面。

③ 定义加工策略。单击策略设定 选项卡，在弹出的对话框中设定各项参数，可以根据加工要求进行设定，也可以采用默认值。

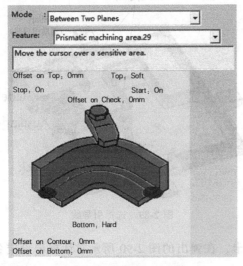

图 2-92　加工区域设定对话框

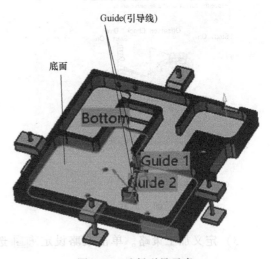

图 2-93　选择引导元素

④ 定义刀具参数。单击刀具设定 选项卡，选择 面铣刀作为加工刀具，命名为 "T5 End Mill D8 Rc0"，设定相应的刀具直径、长度等参数。

⑤ 定义进给率及进退刀路径。可根据零件精度等具体要求，自行设定加工时的进给率及进退刀路径，也可采用默认值。

⑥ 在轮廓加工对话框中单击 按钮，进行刀具路径预览，结果如图 2-94 所示。

2）对阶梯槽的内轮廓进行精加工。

① 在 "Machining Operations" 工具栏中单击 图标，建立轮廓加工操作，弹出轮廓加工操作对话框。

② 定义加工区域。单击被加工件设定

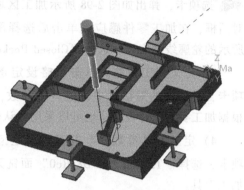

图 2-94 刀具路径预览

选项卡，弹出如图 2-95 所示加工区域设定对话框，在加工零件感应区单击后选择图 2-96 所示的引导线和底面。

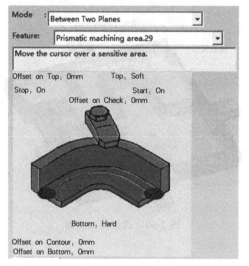

图 2-95 加工区域设定对话框

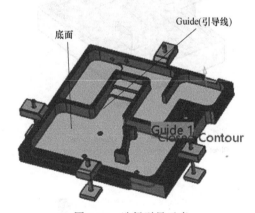

图 2-96 选择引导元素

③ 定义加工策略。单击策略设定 选项卡，在弹出的对话框中设定各项参数，可以根据加工要求进行设定，也可以采用默认值。

④ 定义刀具参数。单击刀具设定 选项卡，选择 面铣刀作为加工刀具，命名为 "T6 End Mill D5 Rc0"，设定相应的刀具直径、长度等参数。

⑤ 定义进给率及进退刀路径。可根据零件精度等具体要求，自行设定加工时的进给率及进退刀路径，也可采用默认值。

⑥ 在轮廓加工对话框中单击 按钮，进行刀具路径预览，结果如图 2-97 所示。

（8）铣削方槽

1）在 "Machining Operations" 工具栏中单击 图标，建立凹槽加工操作，弹出凹槽加工操作对话框。

2）定义加工区域。单击被加工件设定
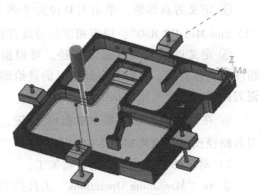
选项卡，弹出如图 2-98 所示加工区域设定
对话框，在加工零件感应区单击后选择图 2-99
所示的轮廓线和底面，选择"Closed Pocket"。

3）定义加工策略。单击策略设定选
项卡，在弹出的对话框中设定各项参数，可以
根据加工要求进行设定，也可以采用默认值。

4）定义刀具参数。单击刀具设定选
项卡，选择"T5 End Mill D8 Rc0"面铣刀作为
加工刀具。

图 2-97　阶梯槽内轮廓加工路径预览

5）定义进给率及进退刀路径。可根据零件精度等具体要求，自行设定加工时的进给率
及进退刀路径，也可采用默认值。

6）在凹槽铣削加工对话框中单击按钮，进行刀具路径预览，结果如图 2-100 所示。

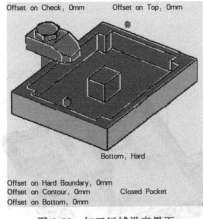

图 2-98　加工区域设定界面

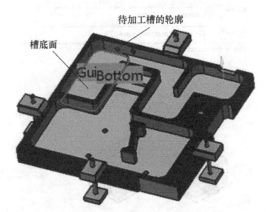

图 2-99　选择待加工面

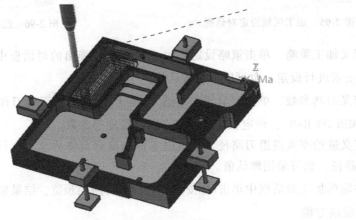

图 2-100　方槽加工路径预览

（9）铣削异形槽

1）在"Machining Operations"工具栏中单击圆图标，建立凹槽加工操作，弹出凹槽加工操作对话框。

2）定义加工区域。单击被加工件设定 选项卡，弹出如图 2-101 所示加工区域设定对话框，在加工零件感应区单击后选择图 2-102 所示的轮廓线和底面，选择"Open Pocket"。

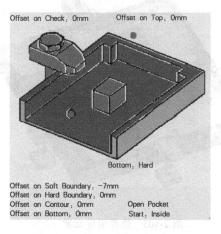

图 2-101　加工区域设定界面

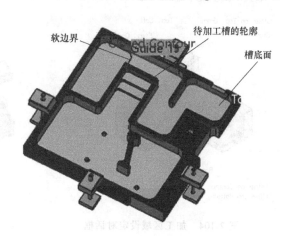

图 2-102　选择待加工面

3）定义加工策略。单击策略设定 选项卡，在弹出的对话框中设定各项参数，可以根据加工要求进行设定，也可以采用默认值。

4）定义刀具参数。单击刀具设定 选项卡，选择"T5 End Mill D8 Rc0"面铣刀作为加工刀具。

5）定义进给率及进退刀路径。可根据零件精度等具体要求，自行设定加工时的进给率及进退刀路径，也可采用默认值。

6）在凹槽铣削加工对话框中单击 按钮，进行刀具路径预览，结果如图 2-103 所示。

（10）铣削阶梯

1）铣顶层阶梯。

① 在"Machining Operations"工具栏中单击图标，建立轮廓加工操作，弹出轮廓加工操作对话框。

② 定义加工区域。单击被加工件设定 选项卡，弹出如图 2-104 所示加工区域设定对话框，在加工零件感应区单击后选择图 2-105 所示的引导线、限制线和底面。

③ 定义加工策略。单击策略设定 选项卡，在弹出的对话框中设定各项参数，可以根据加工要求进行设定，也可以采用默认值。

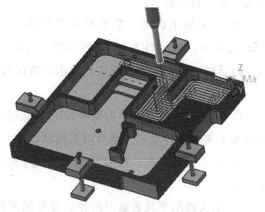

图 2-103　异形槽加工路径预览

④ 定义刀具参数。单击刀具设定 选项卡，选择"T5 End Mill D8 Rc0"面铣刀作为加工刀具。

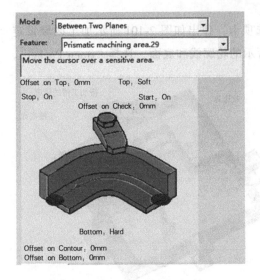

图 2-104　加工区域设定对话框

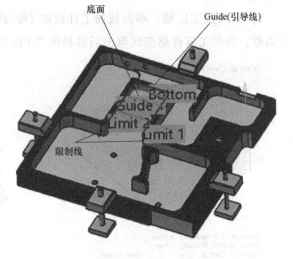

图 2-105　选择引导元素

⑤ 定义进给率及进退刀路径。可根据零件精度等具体要求，自行设定加工时的进给率及进退刀路径，也可采用默认值。

⑥ 在轮廓加工对话框中单击 按钮，进行刀具路径预览，结果如图 2-106 所示。

2）铣二层阶梯。

① 在"Machining Operations"工具栏中单击 图标，建立凹槽加工操作，弹出凹槽加工操作对话框。

② 定义加工区域。单击被加工件设定 选项卡，弹出如图 2-107 所示加工区域

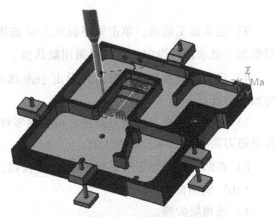

图 2-106　顶层阶梯加工路径预览

设定对话框，在加工零件感应区单击后选择图 2-108 所示的待加工槽的轮廓和槽底面，选择"Open Pocket"。

③ 定义加工策略。单击策略设定 选项卡，在弹出的对话框中设定各项参数，可以根据加工要求进行设定，也可以采用默认值。

④ 定义刀具参数。单击刀具设定 选项卡，选择"T5 End Mill D8 Rc0"面铣刀作为加工刀具。

⑤ 定义进给率及进退刀路径。可根据零件精度等具体要求，自行设定加工时的进给率及进退刀路径，也可采用默认值。

⑥ 在凹槽铣削加工对话框中单击 按钮，进行刀具路径预览，结果如图 2-109 所示。

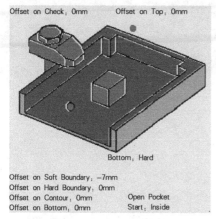

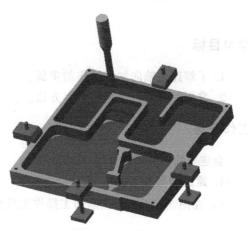

图 2-107　加工区域设定对话框　　　　　　　图 2-108　选择待加工面

（11）铣削加工结果　如图 2-110 所示。

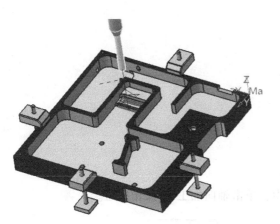

图 2-109　二层阶梯加工路径预览　　　　　　图 2-110　2.5 轴零件铣削加工结果

轴向加工操作

任务 3.1　轴向加工操作基本方法

学习目标

1. 了解建立轴向加工操作的步骤。
2. 掌握加工参数设定的基本方法。

工作任务

会建立轴向加工操作。

1. 建立轴向加工操作

1）在图 3-1 所示的铣削加工操作工具栏中，单击轴向加工 ![] 操作按钮。

图 3-1　铣削加工操作工具栏

2）在弹出的如图 3-2 所示的轴向加工操作工具栏中选择要建立的轴向加工操作。

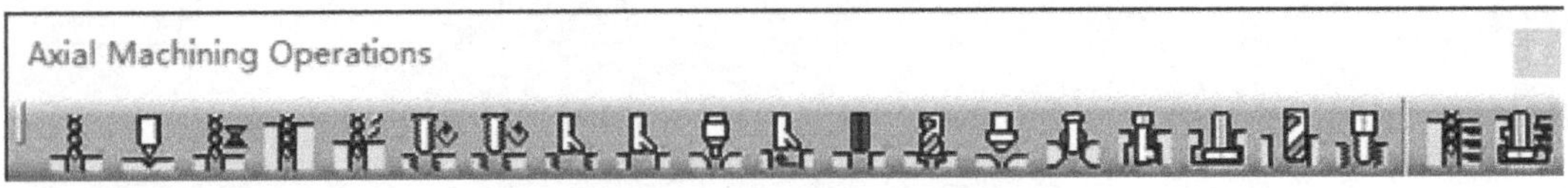

图 3-2　轴向加工操作工具栏

3）建立新的操作，显示的操作对话框如图 3-3 所示。

4）定义被加工对象和加工参数。

5）演示刀具路径。

6）单击"确定"按钮建立操作。

2. 轴向加工操作用户界面

1）输入操作名称，如图 3-3 所示。

2）输入注释（可选）。在 APT 原代码中，这个注释以前缀 PPRINT 开头。

3）定义 5 个选项卡的参数。

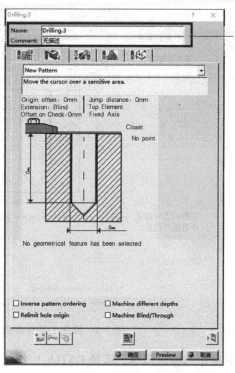

图 3-3 轴向加工操作对话框

: 策略选项卡。

: 被加工件选项卡。

: 刀具选项卡。

: 进给速度和主轴速度选项卡。

: 宏选项卡。

4）刀具路径的演示与仿真。

3. 定义加工策略

在如图 3-4 所示的对话框中对各项策略参数进行设置。

4. 被加工零件参数

被加工零件参数设定选项卡是一个有感应区的对话框，可以选择多个元素定义被加工部位，如图 3-5 所示。

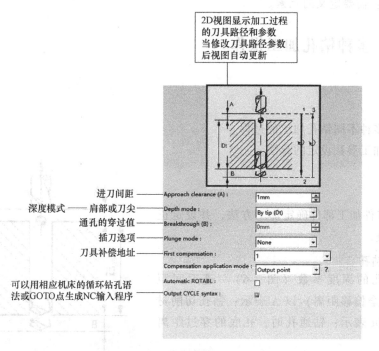

图 3-4 加工策略参数设定对话框

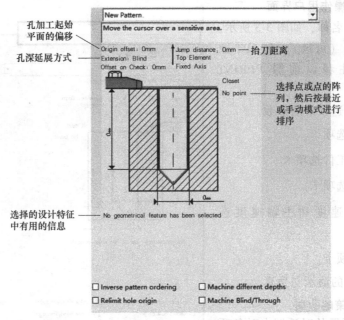

孔加工起始平面的偏移

孔深延展方式

抬刀距离

选择点或点的阵列，然后按最近或手动模式进行排序

选择的设计特征中有用的信息

图3-5 被加工零件参数设定对话框

单击对话框中的感应图标，选择 CATIA V5 窗口中对应的几何元素（顶平面、孔壁、底平面、检查面等）：

1）绿色：已经定义的元素。

2）橙色：可选元素或默认元素。

3）红色：需要定义的元素。

任务3.2 多种钻孔加工操作

学习目标

1. 掌握多种不同钻孔加工的过程。

2. 掌握加工参数设定的方法。

工作任务

能根据零件加工部件确定加工方法，并设定正确的加工参数。

1. 普通钻孔

（1）钻孔的深度参数（图3-6） 进刀间距（孔顶部的安全偏移距离）以 A 表示；钻孔切削材料的深度以 Dt 表示；钻通孔时，孔底的穿过距离以 B 表示。

（2）刀具的运动（图3-6）

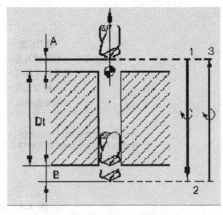

图3-6 钻孔加工策略参数

1）刀具以给定的进给速度运动 1→2。

2）刀具以给定的速度（或快速）退刀运动 2→3。

（3）钻孔刀具　钻孔操作可以使用的刀具如图 3-7 所示，依次为：麻花钻、点钻、中心钻、多径钻、立铣刀、锪钻、镗刀杆、铰刀。

图 3-7　钻孔操作可用刀具

2. 点钻

（1）点钻的参数　点钻操作可以用钻孔的直径或深度定义，如图 3-8、图 3-9 所示。

（2）刀具运动　如图 3-8 所示。

1）刀具以给定的进给速度运动 1→2。

2）在 2 处的暂停时间。

3）刀具以给定的速度（或快速）退刀运动 2→3。

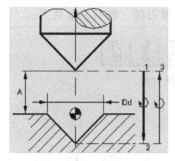

图 3-8　用达到的直径定义深度（以 Dd 表示）

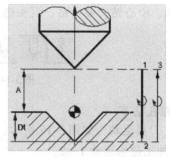

图 3-9　用刀尖定义深度（以 Dt 表示）

（3）点钻刀具　点钻操作可以使用的刀具如图 3-10 所示，依次为：点钻头、中心钻、麻花钻、多径钻、锥形铣刀。

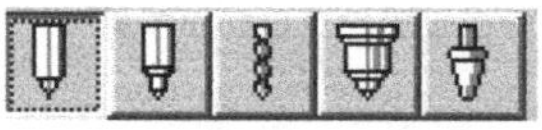

图 3-10　点钻操作可用刀具

3. 有暂停钻孔

（1）钻孔的深度参数　如图 3-11 所示。

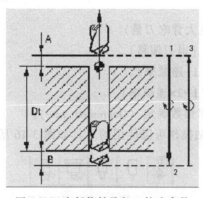

图 3-11　有暂停钻孔加工策略参数

进刀间距（孔顶部的安全偏移距离）以 A 表示。

钻孔切削材料的深度以 Dt 表示。

钻通孔时，孔底的穿过距离以 B 表示。

暂停模式如图 3-12、图 3-13 所示。

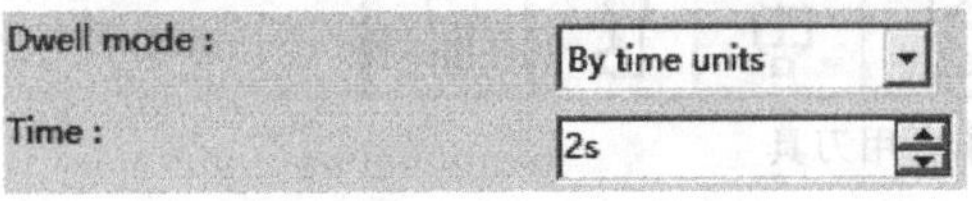

Dwell mode :
By time units
Time :
2s

图 3-12　按暂停的时间定义（暂停的秒数）

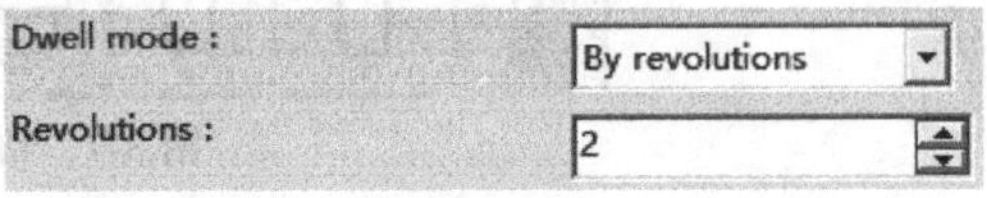

Dwell mode :
By revolutions
Revolutions :
2

图 3-13　按转数定义（暂停时转过的转数）

（2）刀具的运动　如图 3-11 所示。

1）刀具以给定的进给速度运动 1→2。

2）在 2 处的暂停时间。

3）刀具以给定的速度（或快速）退刀运动 2→3。

（3）有暂停钻孔刀具　有暂停钻孔操作可以使用的刀具如图 3-14 所示，依次为：麻花钻、点钻、中心钻、多径钻、沉头锪钻、带倒角钻头、镗刀杆、铰刀、立铣刀。

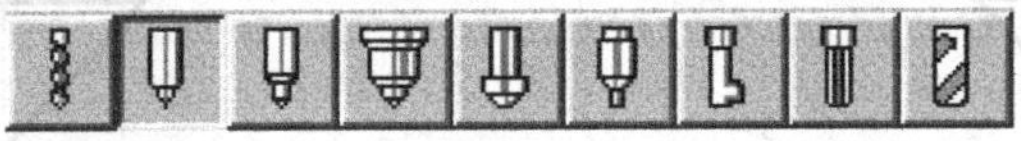

图 3-14　有暂停钻孔操作可用刀具

4. 深孔钻

（1）刀具运动　如图 3-15 所示。

A
Dc
Dt
Or
B
1
3
6
9
2
4
5
7
8

图 3-15　深孔钻加工策略参数

1）加工进给运动 1→2。

2）暂停运动 2。

3）退刀运动 2→3。

4）快速进给运动 3→4。

5）加工进给运动 4→5。

6）暂停运动 5。

7）退刀运动 5→6。

8）快速进给运动 6→7。

9）加工进给运动 7→8。

10）退刀运动 8→9。

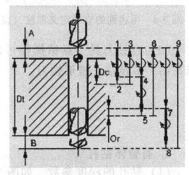

距离（1，2）= A+Dc（最大背吃刀量）。

距离（3，4）= A+Dc−Or（退刀偏移）。

距离（4，5）= Or+Dc×（1−递减率）。

距离（7，8）= Or+Dc×（1−2×递减率）。

背吃刀量的递减由递减率参数确定（Decrement rate）。

（2）深孔钻刀具　深孔钻操作可以使用的刀具如图 3-16 所示，分别为：麻花钻、点钻

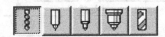

图 3-16　深孔钻操作可用刀具

头、中心钻、多径钻、立铣刀。

5. 断屑钻孔

（1）刀具运动　如图3-17所示。

1）加工进给运动 1→2。

2）暂停运动 2。

3）退刀运动 2→3。

4）加工进给运动 3→4。

5）暂停运动 4。

6）退刀运动 4→5。

7）加工进给运动 5→6。

8）暂停运动 6。

9）退刀运动 6→7。

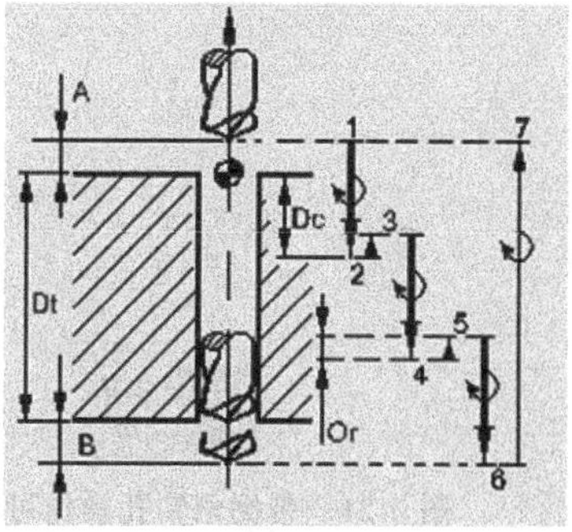

距离（1，2）= A+Dc（最大背吃刀量）。

距离（2，3）= 距离（4，5）= Or（退刀偏移）。

距离（3，4）= 距离（5，6）= Or+Dc。

图 3-17　断屑钻孔加工策略参数

（2）断屑钻孔刀具　断屑钻孔操作可以使用的刀具如图3-18所示，分别为：麻花钻、点钻头、中心钻、多径钻、立铣刀。

图 3-18　断屑钻孔操作可用刀具

6. 带倒角钻孔

（1）刀具运动　如图3-19所示。

1）钻孔步骤：加工进给运动至 B。

2）加工进给运动至 2。

3）以给定的速度（或快速）退刀运动 2→3。

（2）钻孔及倒角速度　钻孔及倒角可以使用不同的进给速度（图3-20）。

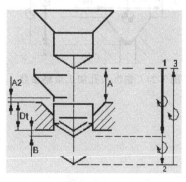

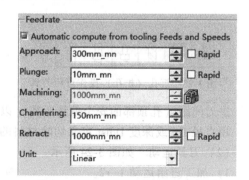

图 3-19　带倒角钻孔加工策略参数　　　　图 3-20　钻孔及倒角速度的设定

（3）带倒角钻孔刀具　加工带倒角钻孔可使用的刀具如图3-21所示，依次为：带倒角钻头、多径钻。

7. 沉孔（扩孔）

（1）沉孔进刀总深度参数　如图 3-22 所示。

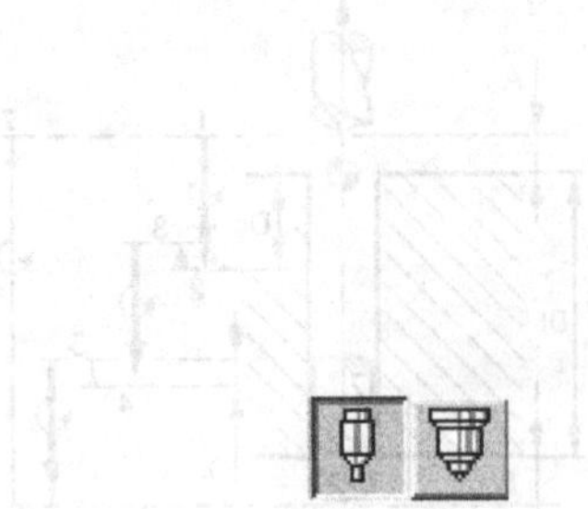

图 3-21　带倒角钻孔操作可用刀具

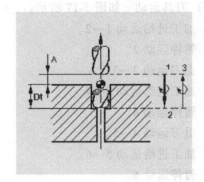

图 3-22　沉孔（扩孔）加工策略参数

进刀间距（孔顶部的安全偏移距离）以 A 表示。

切削材料的深度以 Dt 表示。

（2）刀具运动　如图 3-22 所示。

1）加工进给运动 1→2。

2）在 2 暂停指定时间。

3）以给定的速度（或快速）退刀 2→3。

（3）沉孔（扩孔）刀具　沉孔（扩孔）加工可用刀具如图 3-23 所示，依次为：麻花钻、多径钻、立铣刀、沉孔锪钻、沉头锪钻、镗刀、带倒角钻头。

8. 锪沉头孔

（1）锪沉头孔进刀深度参数　如图 3-24 所示。

图 3-23　沉孔（扩孔）操作可用刀具

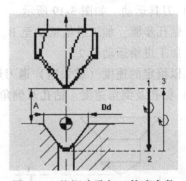

图 3-24　锪沉头孔加工策略参数

进刀间距（孔顶部的安全偏移距离）以 A 表示。

用直径 Dd 或深度 Ddist 定义切除材料的深度。

（2）刀具运动　如图 3-24 所示。

1）加工进给运动 1→2。

2）在 2 暂停指定的时间。

3）以给定的速度（或快速）退刀 2→3。

（3）锪沉头孔刀具　锪沉头孔加工可用刀具如图 3-25 所示，依次为：锪孔钻、麻花钻、点钻、中心钻、多径钻、锥形铣刀、倒角刀。

9. 铰孔

（1）铰孔进刀深度参数　如图 3-26 所示。

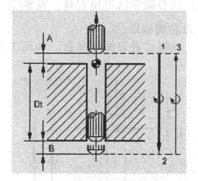

图 3-26　铰孔加工策略参数

图 3-25　锪沉头孔操作可用刀具

进刀间距（孔顶部的安全偏移距离）以 A 表示。

钻孔切削材料的深度以 Dt 表示。

钻通孔时，孔底的穿过距离以 B 表示。

（2）刀具的运动　如图 3-26 所示。

1）加工进给运动 1→2。

2）在 2 暂停指定的时间。

3）以给定的速度（或快速）退刀 2→3。

（3）铰孔刀具　铰孔加工可使用的刀具如图 3-27 所示，依次为：铰刀、多径钻、镗刀、带倒角钻头、立铣刀。

图 3-27　铰孔操作可用刀具

任务 3.3　螺纹加工操作

学习目标

1. 掌握不同螺纹加工操作的过程。

2. 掌握加工参数设定的方法。

工作任务

能正确设定螺纹加工参数。

1. 攻右旋螺纹

（1）攻螺纹进刀深度参数　如图 3-28 所示。

进刀间距（孔顶部的安全偏移距离）以 A 表示。

攻螺纹切削材料的深度以 Dt 表示。

通孔攻螺纹时，孔底的穿过距离以 B 表示。

（2）刀具运动　如图 3-28 所示。

1）加工进给运动 1→2。

2）调整主轴转向（反转）。

3）退刀运动 2→3。

4）调整主轴转向（正转）。

（3）攻右旋螺纹可用刀具　丝锥 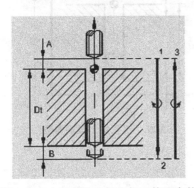。

2. 攻左旋螺纹

（1）攻螺纹进刀深度参数　如图 3-29 所示。

图 3-28　右旋螺纹攻螺纹加工策略参数　　　图 3-29　左旋螺纹攻螺纹加工策略参数

进刀间距（孔顶部的安全偏移距离）以 A 表示。

攻螺纹切削材料的深度以 Dt 表示。

通孔攻螺纹时，孔底的穿过距离以 B 表示。

（2）刀具运动　如图 3-29 所示。

1）加工进给运动 1→2。

2）调整主轴转向（反转）。

3）退刀运动 2→3。

（3）攻左旋螺纹可用刀具　丝锥 。

3. 镗螺纹

（1）镗螺纹进刀深度参数　如图 3-30 所示。

进刀间距（孔顶部的安全偏移距离）以 A 表示。

镗螺纹通孔，孔底的穿过距离以 B 表示。

（2）刀具运动　如图 3-30 所示：

1）加工进给运动 1→2。

2）主轴反转。

3）以给定的速度（或快速）退刀 2→3。

（3）镗螺纹可用刀具　镗刀 。

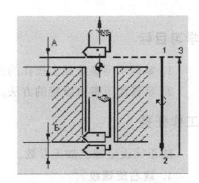

图 3-30　镗螺纹加工策略参数

任务3.4　镗孔操作

学习目标

1. 掌握不同的镗孔加工操作过程。

2. 掌握加工参数设定的方法。

工作任务

能选择正确的镗孔方法并设定镗孔加工参数。

1. 普通镗孔

（1）镗孔进刀深度参数　如图 3-31 所示。

进刀间距（孔顶部的安全偏移距离）以 A 表示。

镗孔切削材料的深度以 Dt 表示。

镗通孔，孔底的穿过距离以 B 表示。

（2）刀具运动　如图 3-32 所示。

1）加工进给运动 1→2。

2）以给定的速度（或快速）退刀运动 2→3。

（3）镗孔刀具　镗孔操作可以使用的刀具如图 3-32 所示，依次为：镗刀、带倒角钻头、立铣刀。

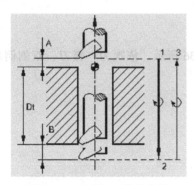

图 3-31　镗孔加工策略参数

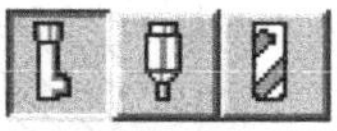

图 3-32　镗孔操作可用刀具

2. 停主轴退刀镗孔

停主轴退刀镗孔操作是为了避免退刀时在孔壁上产生划痕。躲刀方式可用直角坐标或极坐标。

（1）刀具运动　如图 3-33 所示。

1）加工进给运动 1→2。

2）在 2 暂停指定的时间。

3）主轴停止转动。

4）退刀进给（或快速）运动 2→3。

（2）停主轴退刀镗孔刀具　停主轴退刀镗孔可用刀具如图 3-34 所示，依次为：镗刀、带倒角钻头、立铣刀。

3. 反向镗孔

（1）刀具运动　如图 3-35 所示。

1）快速躲刀运动 1→2。

2）快速进给运动 2→3。

3）快速进给运动 3→4。

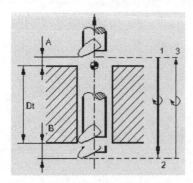

图 3-33　停主轴退刀镗孔加工策略参数

图 3-34　停主轴退刀镗孔操作可用刀具

4）加工进给运动 4→5。

5）暂停指定时间。

6）退刀运动 5→6。

7）快速躲刀 6→7。

8）退刀运动 7→8。

9）躲刀返回 8→9。

（2）反向镗孔刀具　反向镗孔可用刀具如图 3-36 所示，依次为：镗刀、双侧倒角刀。

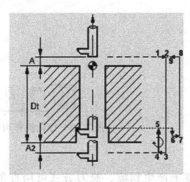

图 3-35　反向镗孔加工策略参数

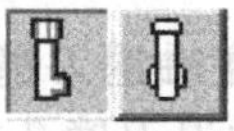

图 3-36　反向镗孔操作可用刀具

任务 3.5　铣孔操作

学习目标

1. 掌握不同的铣孔加工操作的过程。

2. 掌握加工参数设定的方法。

工作任务

能选择正确的铣削方法并设定铣削加工参数。

1. 铣圆孔

（1）铣圆孔加工进刀深度　如图 3-37 所示。

进刀间距（孔顶部的安全偏移距离）以 A 表示。

铣通孔时，孔底的穿过距离以 B 表示。

（2）加工模式（Machining mode）

1）标准（Standard）。

2）螺旋铣（Helical）。

（3）加工策略

1）径向：路径数〔Number of paths（Np）〕和路径间距〔Distance between paths（Dp）〕。

2）轴向：背吃刀量或层数。

（4）顺序模式（Sequencing mode）

1）径向优先（Radial first）。

2）深度优先（Axial first）。

（5）切削方式（Direction of cut）

1）顺铣（Climb）。

2）逆铣（Conventional）。

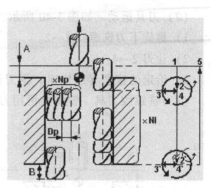

图 3-37　铣圆孔加工策略参数

（6）铣圆孔刀具　铣圆孔可用刀具如图 3-38 所示，依次为：立铣刀、T 形槽铣刀。

2．铣 T 形槽

（1）铣 T 形槽进刀深度　如图 3-39 所示。

图 3-38　铣圆孔操作可用刀具

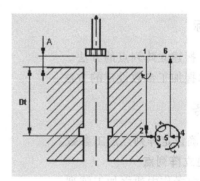

图 3-39　铣 T 形槽加工策略参数

进刀间距（孔顶部的安全偏移距离）以 A 表示。

孔顶面距槽底的距离以 Dt 表示。

（2）刀具运动　如图 3-39 所示。

1）快速进给 1→2。

2）加工进给 2→4。

3）给定的速度（或快速）退刀运动 4→6。

（3）铣 T 形槽刀具　铣 T 形槽可用刀具为：T 形槽铣刀  。

3．铣螺纹

（1）铣螺纹进刀深度　如图 3-40 所示。

进刀间距（孔顶部的安全偏移距离）以 A 表示。

铣通孔时，孔底的穿过距离以 B 表示。

（2）刀具运动 如图 3-40 所示。

1）螺旋下刀铣螺纹 1→2。

2）让刀 2→4。

3）给定的速度（或快速）退刀运动 4→5。

（3）铣螺纹刀具 铣螺纹可用刀具如图 3-41 所示，依次为：螺纹铣刀、镗刀。

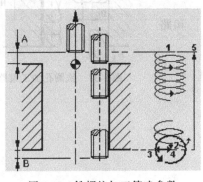

图 3-40 铣螺纹加工策略参数

图 3-41 铣螺纹操作可用刀具

任务 3.6 点的阵列管理

学习目标

1. 掌握建立阵列点的方法。

2. 掌握加工参数设定的方法。

工作任务

能正确设定阵列点加工参数。

1. 建立阵列点

在轴向操作中建立加工阵列。

1）在图 3-42 中选择代表孔深度的孔壁位置（在软件中以红色线标志）。

2）选择已设计的阵列或在阵列选择视图面板中选择阵列，如图 3-43 所示，或在 CATIA 屏幕上直接选择几何元素加到加工阵列中。

3）双击 CATIA 屏幕或用 <Esc> 键退出加工阵列选择模式。

2. 修改阵列点

1）在加工阵列中每个阵列点上右击，显示的下拉菜单如图 3-44 所示，可进行各项操作。

① 失效/激活点：从加工阵列中去除已选择点或增加点，操作的记录顺序将被更新。

② 反转顺序：反转所选择的点的顺序。

③ 选择平面上所有的点。

④ 设置起点：被选点可设为加工阵列中的起点，然后所有点根据此点重新排列。

⑤ 修改进刀距离：指定被选点的进刀偏移量和前一点的退刀偏移量。

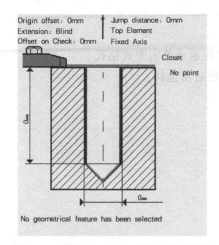

图 3-42　轴向加工几何元素选择对话框

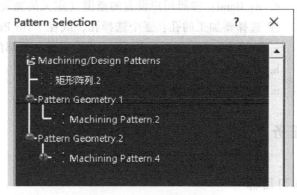

图 3-43　阵列选择视图面板

⑥ 修改退刀距离：指定被选点的退刀偏移量和下一点的进刀偏移量。

⑦ 修改深度：可以对被选点的孔深进行编辑。

⑧ 修改轴线：可以对被选点的孔的轴线进行编辑。

2）在图 3-45 所示零件参数设定对话框中也可修改各项设定。

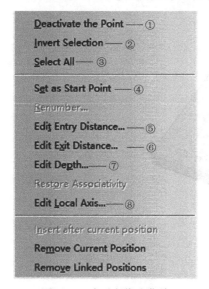

图 3-44　阵列点修改菜单

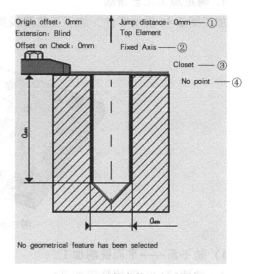

图 3-45　零件参数设定对话框

① 跳刀距离：在加工完成一个孔后，刀具路径抬高一定距离再快速到达下一个孔，刀具从孔顶面抬高的距离即为跳刀距离。

② 有三种定义刀具轴线的方法。在空白处右击，则出现：

a. Fixed Axis：固定轴线。

b. Variadle Axis：如果选择变化的轴线，需要在每个钻孔点上右击定义钻孔轴线方向。

c. Normal To PS Axis：如果选择轴线垂直于零件表面，则必须选择零件表面。

③ 可用右键选择三种排序方式：

a. Closest：按最近的钻孔点依次排序。

b. Manual：按用户要求的顺序连续选择钻孔点。

c. By Band：按照用户设置的范围（定义的宽度），以往返或单向方式钻孔。

④ 选择要加工的孔：逐个选择孔，或在"No Point"处右击选择。

a. Find features through Faces：选择表面上全部的孔。

b. Remove All Position：删除全部的孔。

c. Reverse Ordering：与之前的顺序相反。

任务 3.7　孔系零件加工实例

学习目标

1. 根据零件的结构特点确定加工方案。

2. 会设计合理的加工参数。

工作任务

能够针对孔系零件特点设计合理的加工方案并完成零件的仿真加工。

1. 确定加工工艺路线

加工图 3-46 所示零件，加工工艺路线如下：

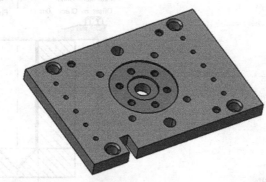

图 3-46　孔系零件

1）铣平面——平面铣削加工。

2）铣圆槽——凹槽铣削加工。

3）钻孔——钻孔加工。

4）钻沉头孔——沉头孔加工。

5）带倒角孔的加工——带倒角孔加工，加工过程如图 3-47 所示。

2. 零件加工过程

（1）设定毛坯

1）单击"Geometry Management"工具栏中的毛坯设定 按钮，弹出如图 3-48 所示对话框。

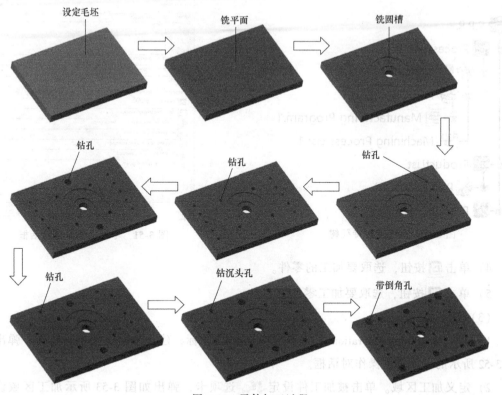

图 3-47　零件加工过程

2）在图形区选择待加工零件，则以该零件作为毛坯参照，系统自动创建一个毛坯零件，如图 3-49 所示。

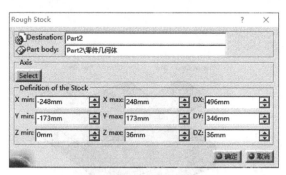

图 3-48　毛坯零件设定对话框

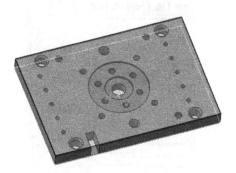

图 3-49　设定毛坯零件

3）单击 ●确定 按钮，完成毛坯零件的设定。

（2）零件操作定义

1）在图 3-50 所示的零件操作特征树上双击"Part Operation. 1"节点，弹出如图 3-51 所示零件操作设定对话框。

2）单击 按钮，选定加工时所用的三轴数控机床 。

3）单击 按钮，设定零件加工坐标系。

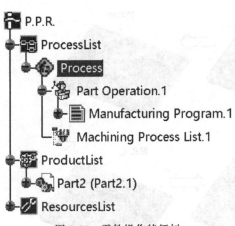

图 3-50　零件操作特征树

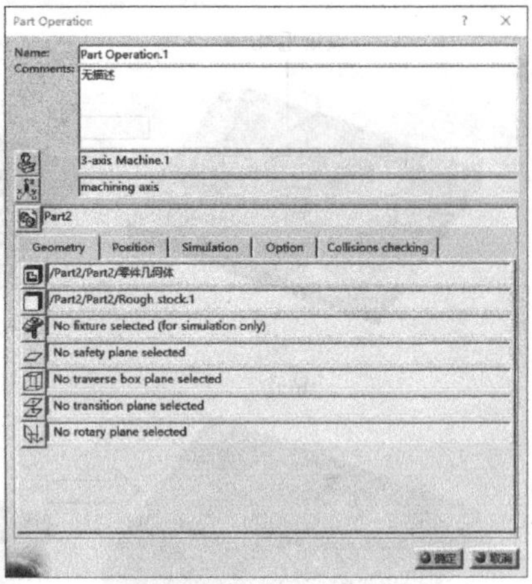

图 3-51　零件操作设定对话框

4）单击 [图] 按钮，选取要加工的零件。

5）单击 [图] 按钮，选取要加工零件的毛坯。

（3）铣平面

1）在 "Machining Operations" 工具栏中单击 [图] 图标，建立平面铣削加工操作，弹出如图 3-52 所示的平面铣削操作对话框。

2）定义加工区域。单击被加工件设定 [图] 选项卡，弹出如图 3-53 所示加工区域设定对话框，单击加工零件感应区，选择如图 3-54 所示零件上表面和零件边界。

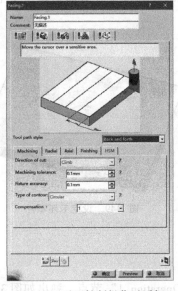

图 3-52　平面铣削操作对话框

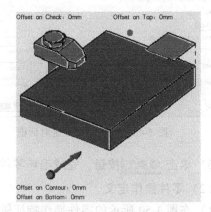

图 3-53　加工区域设定对话框

3）定义加工策略。单击策略设定 [图] 选项卡，在弹出选项卡的刀具路径类型选项中选择 "Back and forth" Tool path style: [Back and forth] 。

在图 3-55 所示加工参数设定对话框中设定各项加工参数。

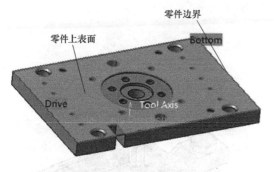
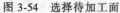

图 3-54 选择待加工面

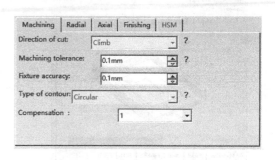

图 3-55 加工参数设定对话框

4）定义刀具参数。单击刀具设定 选项卡，在弹出的图 3-56 所示对话框中选择面铣刀 作为加工刀具，可按照对话框中所示的数值设定刀具参数，并命名为 "T1 End Mill D20"。

5）定义进给率及进退刀路径。可根据零件精度等具体要求，自行设定加工时的进给率及进退刀路径，也可采用默认值。

6）在图 3-52 所示对话框中单击 按钮，进行刀具路径预览，结果如图 3-57 所示。

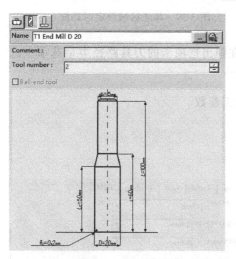

图 3-56 T1 刀具参数设定

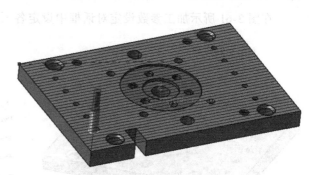

图 3-57 平面铣削加工路径预览

（4）铣圆槽 通过凹槽铣削加工操作，依次加工三个圆槽，在此以最上层圆槽为例介绍加工过程，其余两个圆槽与此相似，读者可自行设定参数完成加工仿真。

1）在 "Machining Operations" 工具栏中单击 图标，建立凹槽铣削加工操作，弹出如图 3-58 所示凹槽铣削加工操作对话框。

2）定义加工区域。单击被加工件设定 选项卡，弹出如图 3-59 所示加工区域设定对话框，单击加工零件感应区，选择如图 3-60 所示的待加工槽的轮廓和槽底面，移除所有自动定义的岛元素，选择 "Closed Pocket"。

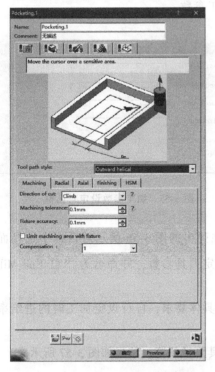

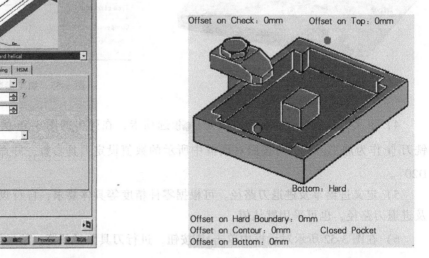

图 3-58　凹槽铣削加工操作对话框　　　　　　　　图 3-59　加工区域设定对话框

3）定义加工策略。单击策略设定 ![icon] 选项卡，在弹出选项卡的刀具路径类型选项中选择 "Outward helical" Tool path style:　　　Outward helical　　　。

在图 3-61 所示加工参数设定对话框中设定各项加工参数。

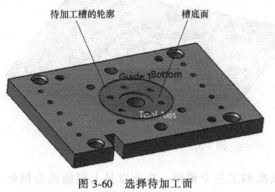

图 3-60　选择待加工面

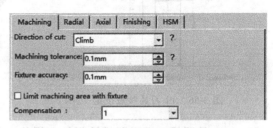

图 3-61　加工参数设定对话框

4）定义刀具参数。单击刀具设定 ![icon] 选项卡，选择 "T1 End Mill D20" 作为加工刀具。

5）定义进给率及进退刀路径。可根据零件精度等具体要求，自行设定加工时的进给率及进退刀路径，也可采用默认值。

6）在图 3-58 所示对话框中单击 ![icon] 按钮，进行刀具路径预览，结果如图 3-62 所示。

（5）钻孔 对该零件进行孔系加工，各孔设定参数及仿真加工过程相似，在此只以一处孔加工部位为例进行介绍，其余孔的加工读者可自行练习。

1）在"Machining Operations"工具栏中单击 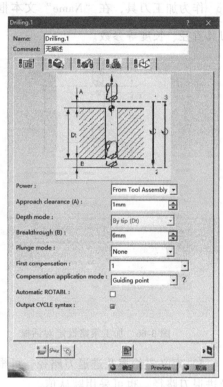 图标，建立一个孔加工操作，弹出如图3-63所示钻孔加工操作对话框。

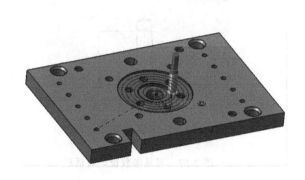

图 3-62 凹槽加工路径预览

图 3-63 钻孔加工操作对话框

2）定义加工区域。单击被加工件设定 选项卡，弹出如图3-64所示加工区域设定对话框，单击加工零件感应区，在图3-65显示的待加工零件上选择要加工的10个孔，可以用鼠标依次选择，也可以在弹出的对话框中选择孔的阵列。

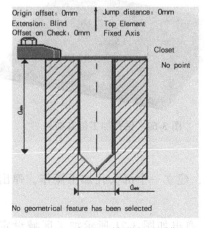

图 3-64 加工区域设定对话框

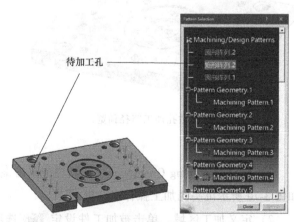

图 3-65 待加工零件

3）定义加工策略。单击策略设定 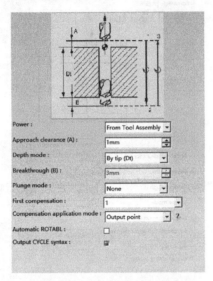 选项卡，在弹出的图 3-66 所示加工策略设定对话框中设定各项加工参数。

4）定义刀具参数。单击刀具设定 选项卡，弹出图 3-67 所示对话框，选择钻头作为加工刀具，在"Name"文本框中给所用刀具命名，如"T2 Drill D12"，同时设定刀具直径、长度等参数。

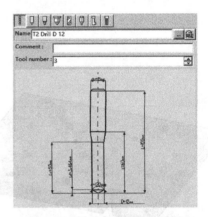

图 3-66　加工策略设定对话框　　　　图 3-67　刀具参数设定对话框

5）定义进给率及进退刀路径。可根据零件精度等具体要求，自行设定加工时的进给率及进退刀路径，也可采用默认值。

6）在图 3-63 所示对话框中单击 按钮，进行刀具路径预览，结果如图 3-68 所示。其余钻孔加工完成后，所加工零件如图 3-69 所示。

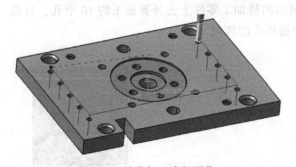

图 3-68　钻孔加工路径预览　　　　图 3-69　钻孔加工仿真结果

（6）钻沉头孔

1）在"Machining Operations"工具栏中单击 图标，建立一个沉头孔加工操作，弹出如图 3-70 所示沉头孔加工操作对话框。

2）定义加工区域。单击被加工件设定 选项卡，弹出如图 3-71 所示加工区域设定对话框，单击加工零件感应区，在图 3-72 所示的待加工零件上选择要加工的 3 个沉头孔，可以用鼠标依次选择，也可以在弹出的对话框中选择孔的阵列。

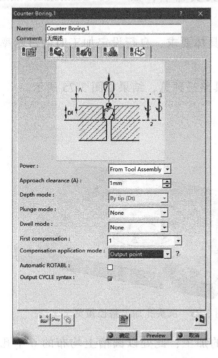

图 3-70　沉头孔加工操作对话框

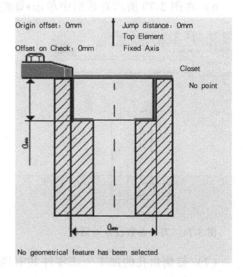

图 3-71　加工区域设定对话框

3）定义加工策略。单击策略设定 选项卡，在弹出的图 3-73 所示加工策略设定对话框中设定各项加工参数。

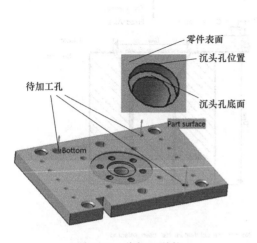

图 3-72　待加工零件

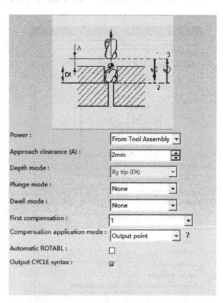

图 3-73　加工策略设定对话框

4）定义刀具参数。单击刀具设定 选项卡，弹出如图 3-74 所示对话框，选择锪孔钻 作为加工刀具，在 "Name" 文本框中给所用刀具命名，如 "T6 Counterbore Mill D20"，设定刀具直径、长度等参数。

5）定义进给率及进退刀路径。可根据零件精度等具体要求，自行设定加工时的进给率及进退刀路径，也可采用默认值。

6）在图 3-70 所示对话框中单击 按钮，进行刀具路径预览，结果如图 3-75 所示。

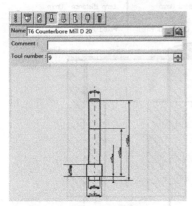

图 3-74　刀具参数设定对话框

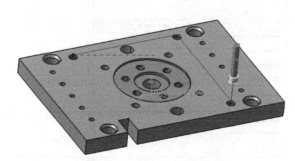

图 3-75　沉头孔加工路径预览

（7）带倒角孔的加工　该零件共有两处带倒角孔的加工，此处以圆槽上均布的 6 个孔为例进行介绍。

1）在 "Machining Operations" 工具栏中单击 图标，建立一个带倒角孔加工操作，弹出如图 3-76 所示带倒角孔加工操作对话框。

2）定义加工区域。单击被加工件设定 选项卡，弹出如图 3-77 所示加工区域设定

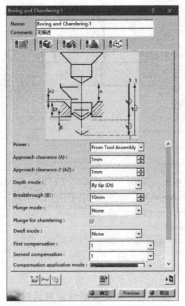

图 3-76　带倒角孔加工操作对话框

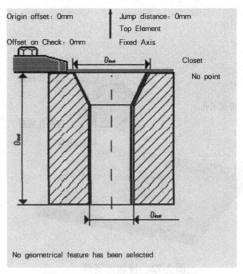

图 3-77　加工区域设定对话框

对话框，单击加工零件感应区，在图 3-78 显示的待加工零件上选择要加工的 6 个沉孔，可以用鼠标依次选择，也可以在弹出的对话框中选择孔的阵列。

3）定义加工策略。单击策略设定 选项卡，在弹出的图 3-79 所示加工策略设定对话框中设定各项加工参数。

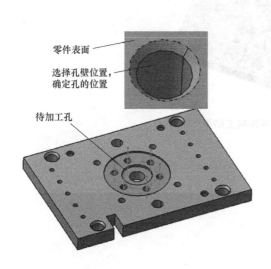

零件表面

选择孔壁位置，确定孔的位置

待加工孔

图 3-78　待加工零件

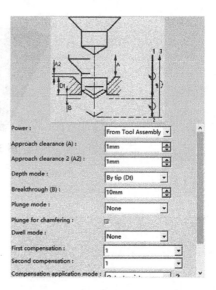

图 3-79　加工策略设定对话框

4）定义刀具参数。单击刀具设定 选项卡，弹出如图 3-80 所示对话框，选择带倒角镗刀 作为加工刀具，在"Name"文本框中给所用刀具命名，如"T7 Boring and Chamfering Tool D10"，设定刀具直径、长度等参数。

5）定义进给率及进退刀路径。可根据零件精度等具体要求，自行设定加工时的进给率及进退刀路径，也可采用默认值。

6）在图 3-76 所示对话框中单击 按钮，进行刀具路径预览，结果如图 3-81 所示。

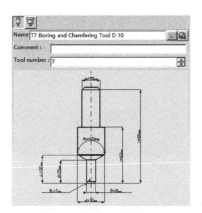

图 3-80　刀具参数设定对话框

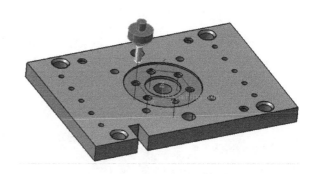

图 3-81　带倒角孔加工路径预览

（8）零件加工结果　如图 3-82 所示。

图 3-82　孔系零件加工结果

三轴曲面加工

任务4.1　建立曲面加工

学习目标

1. 了解进入三轴曲面铣削加工工作台的多种方法。
2. 掌握建立三轴曲面铣削加工操作的方法。

工作任务

会建立三轴曲面铣削加工操作。

1. 建立曲面加工的一般步骤

1）用 3D 线架 或实体几何元素 进行零件设计。

2）为加工方便建立元素（安全面、轴线、点等） 。

3）建立零件操作（PO） 。

4）建立加工操作并模拟加工过程。

5）生成辅助操作。

6）生成 APT 或 ISO G 代码文件。

2. 建立加工特征

（1）建立加工区域

1）在图 4-1 所示的加工区域设定对话框中输入加工区域名称。

2）在零件感应区中选择加工区域。

3）在检查感应区选择检查元素。

4）在限制线感应区选择限制线。

5）单击"确定"按钮建立加工区域。

（2）建立补加工区域

1）在图 4-2 所示的对话框的"Name"文本框中输入补加工区域名称。

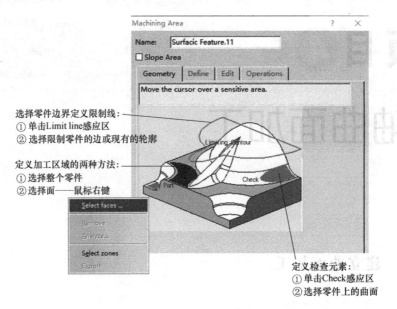

图 4-1　加工区域设定对话框

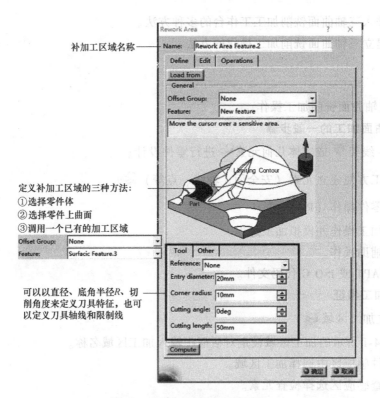

图 4-2　补加工区域设定对话框

2）定义加工区域或重新调用已存在加工区域。

3）定义刀具特征。

4）计算补加工的区域。

5）单击"确定"按钮建立补加工区域。

（3）建立偏移群组

1）在图4-3所示的对话框的"Name"文本框中输入偏移群组区域的名称。

2）输入一个偏移值并选择一个关联的颜色。

3）单击感应区，选择偏移区域。

4）单击"Apply"确认建立偏移区域。

5）重复步骤2~4增加其他偏移区域。

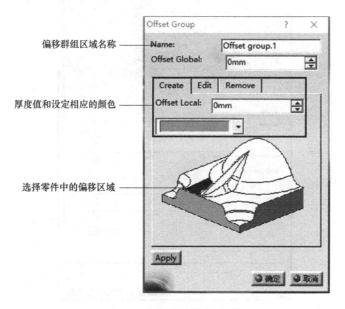

图4-3 偏移群组设定对话框

任务4.2 建立三轴曲面加工操作

学习目标

1. 掌握不同三轴曲面加工方法的含义与区别。

2. 掌握不同三轴曲面加工方法参数设定的方法。

工作任务

能够根据不同的加工零件选择合适的加工方法，设定合理的加工参数并完成仿真加工。

一、建立一个三轴加工操作的过程

（1）选择加工操作工具 在图4-4所示的铣削加工操作工具栏中，选择要建立的三轴加工操作工具。

（2）新建加工操作 建立一个新的加工操作，显示加工操作定义对话框，如图4-5所示。

图4-4 铣削加工操作工具栏

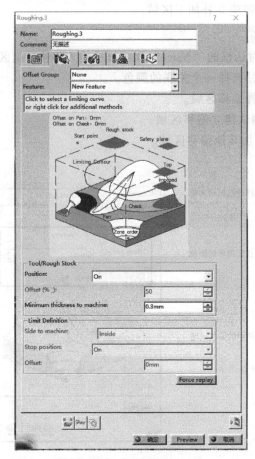

图 4-5　加工操作定义对话框

（3）定义几何对象和参数　在图 4-5 所示对话框中定义操作的几何对象和参数。

1）**Name:　Roughing.3**：输入操作名称。

2）**Comment:　无描述**：输入注释。

3）定义选项卡的操作参数。

①　：策略选项卡。

②　：被加工件选项卡。

③　：刀具选项卡，刀具参数设定对话框如图 4-6 所示。

④　：进给速度和主轴速度选项卡，切削用量设定对话框如图 4-7 所示。

⑤　：宏选项卡，宏参数设定对话框如图 4-8 所示。

a. 选择进刀或退刀宏：

Approach：进刀。

Retract：退刀。

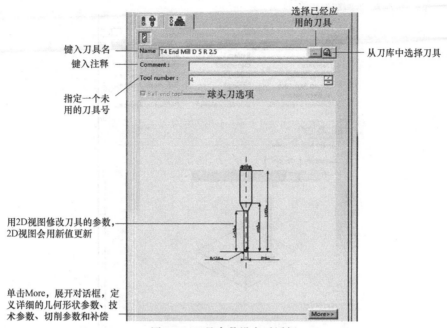

选择已经应用的刀具

键入刀具名

键入注释

从刀库中选择刀具

指定一个未用的刀具号

球头刀选项

用2D视图修改刀具的参数，2D视图会用新值更新

单击More，展开对话框，定义详细的几何形状参数、技术参数、切削参数和补偿

图 4-6　刀具参数设定对话框

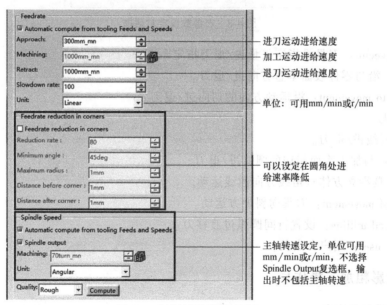

进刀运动进给速度

加工运动进给速度

退刀运动进给速度

单位：可用mm/min或r/min

可以设定在圆角处进给速率降低

主轴转速设定，单位可用mm/min或r/min，不选择Spindle Output复选框，输出时不包括主轴转速

图 4-7　切削用量设定对话框

Clearance：抬刀距离。

Linking Retract：区域之间连接退刀。

Linking Approach：区域之间连接进刀。

Between passes：行间刀具轨迹。

Between passes Link：行间刀具轨迹连接方式。

b. Mode 模式：

Along tool axis：沿刀具轴线方向进/退刀指定距离。

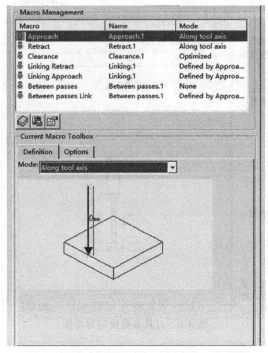

图 4-8 宏参数设定对话框

Along a vector：刀具沿指定矢量进/退刀指定距离。

Normal：沿与零件表面垂直方向进/退刀。

Tangent to movement：沿运动方向的切向进/退刀。

None：无。

Back：折线进/退刀。

Circular：与加工表面相切的圆弧进/退刀。

Box：刀具沿立方体对角线方向曲线运动。

Prolonged movement：刀具向斜上方运动。

High speed milling：设置行间圆弧过渡移刀。

Build by user：用户自定义。

二、投影粗加工操作

1. 投影粗加工定义

投影粗加工就是以竖直平面作为投影面来生成刀具路径。

2. 定义加工策略

（1）切除材料方式　被加工区域按图 4-9 所示三种方式切除材料，切除材料的走刀路线

图 4-9 切除材料方式

如图 4-10 所示。

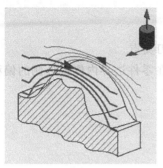
a) ZOffset(Z偏移)
刀具路径沿零件表面偏移

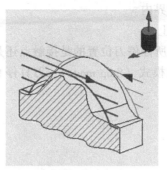
b) ZPlane(Z平面)
按平面方向加工零件(降层)，
轮廓处重复路径

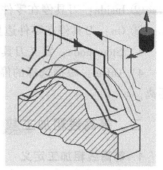
c) ZProgressive(Z逼近)
刀具路径在零件和毛坯顶面间插值

图 4-10　投影粗加工切除材料方式

（2）Machining（加工参数）　有三种走刀方式：

1）Zig zag（Z 形往复）：刀具路径往复连续加工。

2）One way next（直返单向）：刀具路径总是同一方向，从一个路径的终点抬刀，到下一个路径的起点。

3）One way same（折返单向）：刀具路径总是同一方向，从一个路径的终点抬刀，原路返回，再进刀到达下一个路径。

（3）Radial（径向参数）　定义两切削路径间的距离跨越方向，可选择左或右。

（4）Axial（轴向参数）　定义最大背吃刀量。

（5）刀具轴线和加工方向定义　如图 4-11 所示。

3. 定义被加工几何元素

被加工几何体参数设定对话框，如图 4-12 所示。

右键快捷菜单
定义刀具轴线
方向

右键快捷菜单
改变加工方向

图 4-11　刀具轴线及加工方向定义

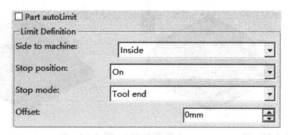

图 4-12　被加工几何体参数设定对话框

（1）Part autoLimit（零件自动限制）　选择该选项，则刀具不超出零件边界。

（2）Limit Definition（边界定义）

1）Side to machine：利用零件限制加工区域，有两种方式。

① Inside：加工区域在零件边界之内。

② Outside：加工区域在零件边界之外。

2）Stop position：定义刀具停止的位置，有三种方式。

① Outside：刀具停在零件边界外。

② Inside：刀具停在零件边界内。

③ On：刀具停在零件边界上。

3）Stop mode：定义刀具体所停停刀位置的是接触点还是刀尖点。

4）Offset：根据选择的停止模式（Stop mode），刀具停止在零件边界内侧或外侧的偏移距离。

三、等高线粗加工

1. 等高线粗加工定义

1）等高线粗加工就是沿水平面方向对零件进行粗加工。

2）被加工区域可以是零件的外轮廓及凹槽。

3）可以沿径向或轴向一次或多次切除材料。

2. 定义加工策略

（1）Machining（加工参数）

1）Machining mode（加工模式）：可以是 By plane（按平面）或 By Area（按区域）。

Pockets only：仅加工零件的凹槽。

Outer part：仅加工零件的外轮廓。

Outer part and Pockets：逐个加工零件的外轮廓和凹槽。

2）Tool path style（走刀方式）共有九种：

① One way next（直返单向）：刀具路径总是同一方向，从一个路径的终点抬刀，运动至下一个路径的起点，中间走对角线，如图 4-13 所示。

② One way same（折返单向）：刀具路径总是同一方向，在运动到下路径第一点前，抬刀返回至此路线的起点，如图 4-14 所示。

③ Zig zag（Z形往复）：刀具路径往复连续加工，如图 4-15 所示。

图 4-13　One way next（直返单向）　图 4-14　One way same（折返单向）　图 4-15　Zig zag（Z形往复）

④ Spiral（蜗旋）：刀具沿加工区域边界的连续同心路径运动，向内逐圈连续切除材料，如图 4-16 所示。

⑤ Contour only（仅轮廓）：只加工零件的轮廓，如图 4-17 所示。

⑥ Concentric（同心）：刀具在每个同心路径切除等厚材料，刀具不能直接到达中心，这个方式也取决于给定的切削模式，采用这种方式时，总是螺旋进刀，如图 4-18 所示。

⑦ Helical（螺旋铣）：刀具沿加工区域边界的连续同心路径运动，向内（向外）逐圈切除材料，如图 4-19 所示。

图 4-16 Spiral（蜗旋）

图 4-17 Contour only（仅轮廓）

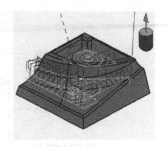
图 4-18 Concentric（同心）

注意：蜗旋和螺旋走刀方式在高速铣时有非常明显的差异，蜗旋铣在凹槽的转角处是圆角路径，而螺旋铣在转角处会形成折返。

⑧ By Offset on part with One way：刀具路径总是沿同一方向，按零件的轮廓逐步偏移，如图 4-20 所示。

⑨ By Offset on part with Zig zag：按零件的轮廓逐步偏移、往复连续加工，如图 4-21 所示。

图 4-19 Helical（螺旋铣）　图 4-20 By Offset on part with One way　图 4-21 By Offset on part with Zig zag

3）Machining tolerance（加工公差）：理论刀具路径与实际刀具路径间允许的最大距离。

4）Cutting mode（走刀方式）：顺铣（Climb）、逆铣（Conventional）。

（2）Radial（径向参数）　定义两切削路径间的距离。

（3）Axial（轴向参数）　定义最大背吃刀量、变化的背吃刀量。

（4）Zone（区域参数）

1）Small pass filter：小区域过滤。

2）Tool section：要排除的不能加工的最小区域。

3）Pocket filter：凹槽过滤。

（5）Bottom（底部参数）　自动检测凹槽底面，或确定底面的偏移方式。

（6）HSM（高速铣参数）　可以选择是否使用高速铣削，还可以设置转角半径。

3. 定义被加工几何元素

（1）被加工几何体参数对话框　如图 4-22 所示。

（2）Position　定义刀具中心停止的位置，如图 4-23 所示。

1）Inside：刀具在零件边界内停止。

2）Outside：刀具在零件边界外停止。

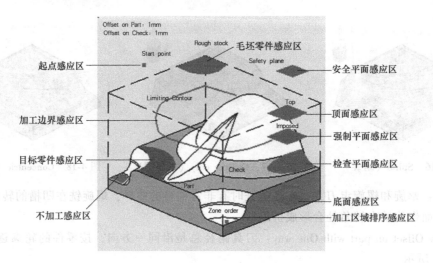

图 4-22　定义被加工几何体参数对话框

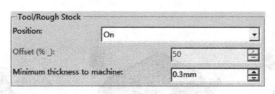

图 4-23　刀具中心停止位置设定

3）On：刀具在零件边界上停止。

（3）Offset　定义刀具可以超过停止位置的距离，用刀具直径的百分数表示。这个参数在零件靠近边缘处有一个岛而刀具的直径太大无法加工岛前面的区域时很有用。此参数只能用于停止位置为 Outside 或 Inside 时。

4. 定义进退刀宏

进退刀宏设定对话框，如图 4-24 所示。

（1）Optimize retract（优化退刀运动）　选择该选项，可以优化退刀运动。刀具在一个表面上移动时，如果没有阻碍物就不必抬刀到安全面，这样也不会发生干涉，因此可以节省时间。

（2）Axial safety distance（轴向安全距离）从一个加工路径结束到下一个加工的开始，抬刀移动时的最大距离。

（3）Mode（进刀模式选择）

1）Plunge：垂直插刀。

2）Drilling：在已钻的孔处插刀。

3）Ramping：刀具沿斜角逐渐向下插刀。

4）Helix：刀具沿圆柱螺旋线运动逐渐向下插刀。

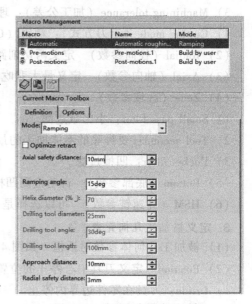

图 4-24　进退刀宏设定对话框

四、投影精加工操作

1. 投影精加工定义

1）投影精加工操作常用于零件的精加工和半精加工，刀具路径在相互平行的竖直平面内生成。

2）跨度选择可以是连续或残留高度。

3）定义加工区域时可以选择全部、壁板前沿、侧壁、水平区域。

2. 定义加工策略

（1）Machining（加工参数）

1）Tool path style（走刀方式）共有三种：

① Zig zag（Z形往复），如图4-25所示。

② One way next（直返单向），如图4-26所示。

③One way same（折返单向），如图4-27所示。

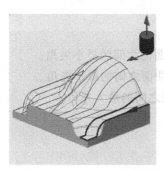  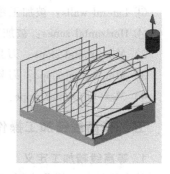

图4-25 Zig zag（Z形往复）　图4-26 One way next（直返单向）图4-27 One way same（折返单向）

2）Reverse tool path：反转刀具路径。

3）Max Discretization：最大离散化。

（2）Radial（径向参数）　定义两切削路径间的距离。

1）Stepover（路径跨越的方式），如图4-28所示。

① Constant：按常数定义一个平面上或投影到零件上的跨越距离，此距离可以修改。

② Via Scallop height：可以按定义的残料高度决定跨越距离，还可以按定义的残料高度确定路径间的最大和最小距离。

2）Max. distance between pass：选择跨度为常数时跨越的距离，如果选择残料高度则是对应的最大值。

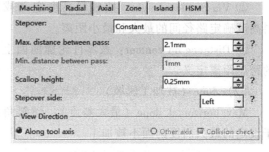

图4-28 路径跨越方式设定

3）Scallop height：残料高度值。

4）Stepover side：跨越方向，对应于加工方向在左侧或右侧。

5）View Direction（视图方向）：仅用于球头铣刀。

① Along tool axis：按刀具轴线的垂直平面方向计算距离。

② Other axis：按用户选择方向的垂直平面方向计算跨越距离。越是平坦的表面，加工路径越规则。

③ Collision check：干涉检查。

（3）Axial（轴向参数）　定义最大背吃刀量、变化的背吃刀量。

Muity-pass（多重路径）

① Number of levels and Maximum cut depth：切削层数和最大背吃刀量；

② Number of levels and total depth：切削层数和总背吃刀量；

③ Maximum cut depth and total depth：最大背吃刀量和总背吃刀量。

（4）Zone（被加工区域）

1）Zone：可以选择零件要加工的区域或部位。

① All：全部被加工表面。

② Frontal walls：被加工零件的前表面。

③ Lateral walls：被加工零件的侧表面。

④ Horizontal zones：被加工零件的水平表面。

2）Min. frontal slope：刀具轴线与垂直于被认定为前表面的曲面之间的最小夹角。

3）Min. lateral slope：刀具轴线与垂直于被认定为侧表面的曲面之间的最小夹角。

4）Max. horizontal slope：刀具轴线与垂直于零件表面的曲面之间的最大夹角。

五、等高线精加工操作

1. 等高线精加工定义

等高线精加工操作常用于精加工或半精加工，即刀具在相互平行的水平面（垂直于刀具轴线平面）内加工。

2. 定义加工策略

（1）Axial（轴向参数）

Stepover（路径跨越的方式），如图 4-29 所示。

① Constant：按常数定义。

② Via Scallop height：按残料高度定义或以残料高度确定路径间的最大和最小距离。

③ Distance on contour：按零件轮廓曲面上刀具的跨越距离定义。

（2）Zone（被加工区域）

Max. horizontal slope（最大斜度）：倾斜角度小于设定的最大斜度的面不被加工。

六、轮廓驱动加工操作

1. 轮廓驱动加工定义

轮廓驱动加工操作是以零件的轮廓作为引导线进行加工操作。

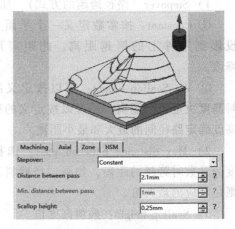

图 4-29　路径跨越方式设定

2. 定义加工策略 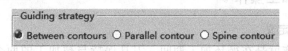

（1）Guiding strategy（引导策略）　有三种加工方式引导策略，如图 4-30 所示。

图 4-30　引导策略的方式

1）Between contours：双导引线驱动是指选择两条曲线作为导引线，系统通过对两条曲线进行插值计算得到刀路，用户可以选择两条边界线，每个刀路的终点都停止在边界线上，如图 4-31 所示，选择导引线和界线的方式有两种，如图 4-31 所示。

图 4-31　选择导引线和界线的方式

① 4 open contours：使用导引线和界线定义加工区域，可以按任何顺序选择轮廓。

② 4 points on a closed contour：在一个闭合的轮廓上选择 4 个点定义加工区域，选择的 4 个点要保证与在感应区域上对应的点顺序一致。

2）Parallel contour：按选定的导引线，刀具向远（向近）平行于导引线去除被加工区域的材料，如图 4-32 所示。

3）Spine contour：脊线驱动是选择一条或一组曲线作为导引线，加工区域上的刀路都垂直于所指定的导引线，如图 4-33 所示。

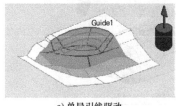
a) 单导引线驱动

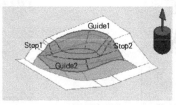
b) 双导引线驱动

图 4-32　导引线驱动

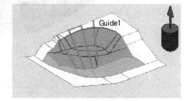

图 4-33　脊线驱动

（2）Radial（径向参数）　选择了 4 open contours 选项后，当 Stepover 的方式为 Constant 3D 或 Maximum 3D 时，需定义两条导引线；当 Stepover 的方式为 Constant 2D 或 Via Scallop height 时，选择两条曲线作为导引线，并选择两条边界线，加工区域缩小为四条曲线所包围的区域。

（3）Strategy（策略参数）　以下策略参数只用于 Parallel contour 和 Spine contour 加工方式。

1）Pencil rework：是否笔式清根。

2）Initial tool position：刀具起始点所在位置，有轮廓上（on）、靠近轮廓（to）和超过轮廓（past）三种。

3）Offset on guide：对导引线的偏移量。

4）Maximum width to machine：加工的最大宽度。

5）Stepover side：加工导引线的哪一侧。

6）Direction：不平行于导引线加工时，是趋向还是背离轮廓加工。

七、笔式清根加工操作

1. 笔式清根加工定义

笔式清根加工操作就是在循环加工期间，刀具保持与被加工的两个相交表面同时接触。常用来去除前一个操作在两个表面交界外的残留尖峰，其加工操作对话框如图 4-34 所示。

2. 定义加工策略

（1）Machining（加工参数） Axial Strategy（轴向策略参数）设定时，Axial direction 用于设置沿着刀具轴线方向刀具运动方式：Up 为由下到上加工，Down 为由上到下加工。

（2）Axial（轴向参数） Sequencing 用于设置加工顺序：By zone 表示按区域加工，By level 表示按层加工。

八、参数线加工操作

1. 参数线加工定义

参数线加工是选择相邻的面并沿它们的参数线方向加工，参数线加工操作策略设定对话框如图 4-35 所示。

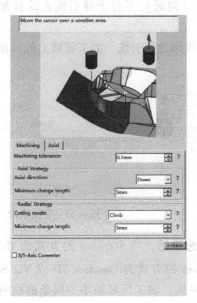

图 4-34　笔式清根加工操作策略设定对话框

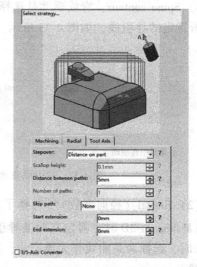

图 4-35　参数线加工操作策略设定对话框

2. 定义加工策略

Radial（径向参数）包括 Stepover 和 Skip path 的设定。

1）定义 Stepover（跨距）的方式有三种：

① Scallop height：按残料高度定义。

② Distance on part：按零件上路径的距离定义。

③ Number of paths：按排刀的路径数定义。

2）Skip path：以上三个路径策略中可以选择跳过第一段或最后一段，或是两者都跳过。

3.定义被加工几何元素

被加工几何体参数设定，如图4-36所示。

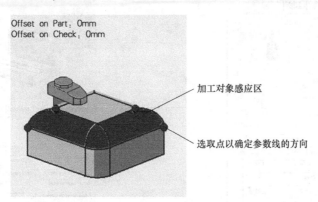

图4-36 被加工几何体参数设定

当选取的加工对象为多个曲面时，所选择的曲面必须是相邻且共边的。

单击感应区选取点，所选择的加工对象上出现多个黄色的圆点，可单击其中任意一个圆点并显示出"1"，该点作为刀路的起点；之后依次在自动出现的圆点中单击"2""3""4"点，以确定刀路。"1""2"点之间的边线决定刀路的切削方向，"1""3"点方向决定了刀具的步进方向。

九、螺旋铣加工操作

1.螺旋铣加工定义

螺旋铣加工是对给定角度内被自动检测为水平的面进行精加工的操作，螺旋铣加工操作策略设定对话框如图4-37所示。

2.定义加工策略

（1）Horizontal zone selection（水平区域选择）

1）Automatic（自动）：所有被认为是水平的面都被加工。

2）Manual（手动）：单击加工区域轮廓线位置（在软件上以红色限制感应图标显示），选择轮廓线作为加工区域限制，系统计算界限内被认为是水平的面进行加工。

（2）Machining（加工参数） Helical movement（螺旋加工运动）。

1）Outward（由内向外环切）：刀具路径始于加工区域的中心并向外加工。

2）Inward（由外向内环切）：刀具路径始于加工区域的外侧并向内加工。

（3）Zone（区域参数） Max. frontal slope：能被认定为水平面的最大角度值，小于这个角度的面视为平面。

十、外形轮廓加工操作

1.外形轮廓加工定义

1）外形轮廓加工操作就是沿硬边界切除材料，加工操作对话框如图4-38所示。

2）硬边界可以是开放的也可以是封闭的。

3）沿轴向，材料以单层或分层从顶部到底部被切除。

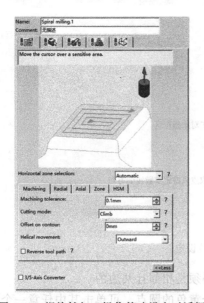

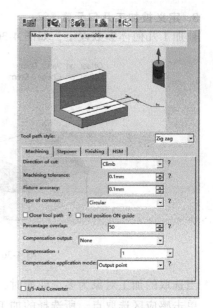

图 4-37　螺旋铣加工操作策略设定对话框　　　图 4-38　外形轮廓加工操作策略设定对话框

4）沿径向，可以沿一条或多条平行路径切除材料去接近硬边界。

2. 定义加工策略 🔧📇

（1）Tool path style（走刀方式）　可选用 One way（单向）、Zig zag（Z 形往复）或 Helix（螺旋）的方式。

（2）Stepover（跨距）

1）Sequencing（加工次序）：

① Radial first（径向优先）。

② Axial first（轴向优先）。

2）Radial Strategy（径向策略）：

① Distance between paths（路径间距离），输入径向距离。

② Number of paths（排刀次数），输入径向排刀次数。

3）Axial Strategy（轴向策略）：

① Maximum depth of cut（最大背吃刀量），两层间的距离。

② Number of levels（分层数），从底到顶的层数。

③ Number of levels without top（除顶部外分层数），需给出背吃刀量和层数。

（3）Finishing（精加工策略）

1）No finish pass（无精加工）。

2）Side finish last level（加工最后一层时，对侧面进行精加工）。

3）Side finish each level（每一层加工后都对侧面进行精加工）。

4）Finish bottom only（仅对底面进行精加工）。

5）Side finish at each level & bottom（每一层加工后都对侧面进行精加工，并对底面进行精加工）。

6）Side finish at last level & bottom（加工最后一层时，对侧面进行精加工，并对底面进行精加工）。

3. 定义被加工几何元素
Mode（加工模式）共有四种：

1）Between Two Planes（两平面间轮廓），被加工几何体参数设定如图4-39所示。
注意：顶平面、底平面、轮廓的检查和限制元素可以施加偏移。

2）Between Two Curves（两曲线间轮廓），被加工几何体参数设定如图4-40所示。

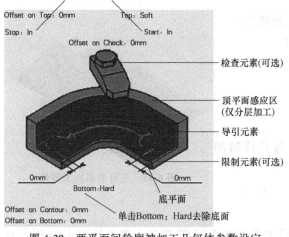

图4-39 两平面间轮廓被加工几何体参数设定

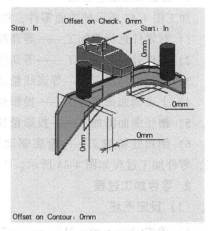

图4-40 两曲线间轮廓被加工几何体参数设定

3）Between Curve and Surfaces（曲线和曲面间轮廓），被加工几何体参数设定如图4-41所示。

4）By Flank Contouring（侧壁轮廓），被加工几何体参数设定如图4-42所示。

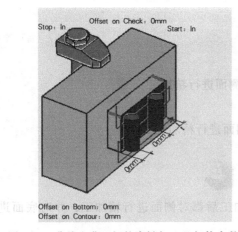

图 4-41　曲线和曲面间轮廓被加工几何体参数设定

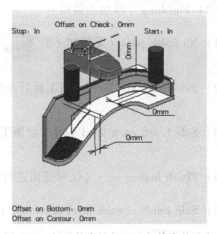

图 4-42　侧壁轮廓被加工几何体参数设定

任务4.3　三轴曲面加工实例

学习目标

1. 熟练使用三轴曲面的多种加工方法。
2. 熟练掌握零件加工工艺制订原则和方法。

工作任务

能根据所给的曲面零件，设计加工工艺并完成仿真加工。

1. 确定加工工艺路线

加工图 4-43 所示的曲面零件，加工工艺路线为：

1）对零件进行粗加工——等高线粗加工。

2）零件外轮廓精加工——等高线精加工。

3）槽轮廓精加工——等高线精加工。

4）上表面曲面精加工——投影精加工。

5）槽底曲面精加工——投影精加工。

6）倒角处精加工——轮廓驱动加工、等高线精加工，零件加工过程如图 4-44 所示。

图 4-43　三轴曲面加工零件

2. 零件加工过程

（1）设定毛坯

1）单击"Geometry Management"工具栏中的毛坯设定  按钮，弹出如图 4-45 所示对话框。

2）在图形区选择待加工零件，则以该零件作为毛坯参照，系统自动创建一个毛坯零件，如图 4-46 所示。

3）单击 ●确定 按钮，完成毛坯零件的设定。

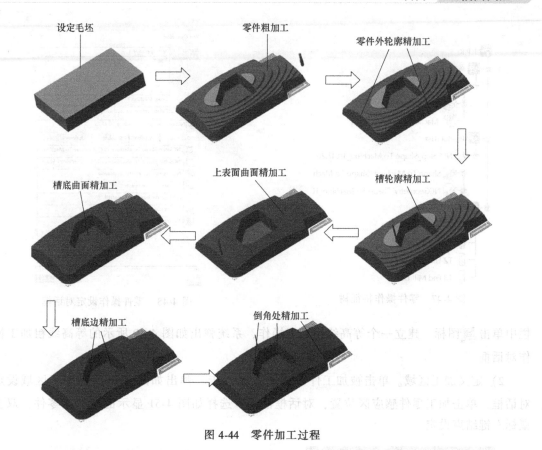

图 4-44 零件加工过程

图 4-45 毛坯零件设定对话框

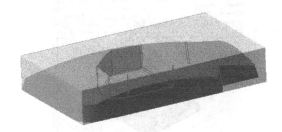

图 4-46 设定毛坯零件

（2）零件操作定义

1）在图 4-47 所示的零件操作特征树上双击"Part Operation. 1"节点，弹出如图 4-48 所示对话框。

2）单击 ![按钮] 按钮，选定加工时所用的三轴数控机床 ![图标]。

3）单击 ![按钮] 按钮，设定零件加工坐标系。

4）单击 ![按钮] 按钮，选取要加工的零件。

5）单击 ![按钮] 按钮，选取要加工零件的毛坯。

（3）零件粗加工

1）在特征树上单击"Manufacturing Pragram. 1"节点，在"Machining Operations"工具

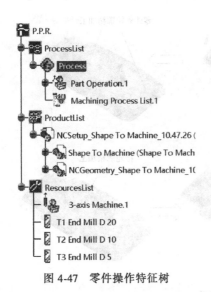

图 4-47　零件操作特征树

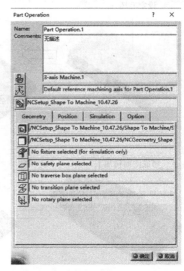

图 4-48　零件操作设定对话框

栏中单击  图标，建立一个等高线粗加工操作，系统弹出如图 4-49 所示的等高线粗加工操作对话框。

2）定义加工区域。单击被加工件设定 选项卡，弹出如图 4-50 所示加工区域设定对话框，单击加工零件感应区位置，对话框消失，选择如图 4-51 显示的待加工零件，双击鼠标左键结束设定。

图 4-49　等高线粗加工操作对话框

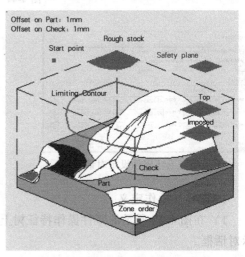

图 4-50　加工区域设定对话框

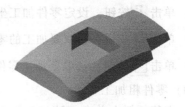

图 4-51　待加工零件

3）定义加工策略。单击策略设定 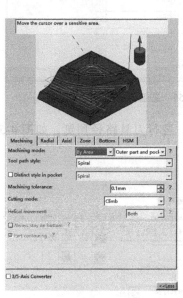 选项卡，弹出如图4-52所示的加工策略设定对话框。

① 单击"Machining"选项卡，在Machining mode（加工模式）下拉列表框中选择"By Area"及"Outer part and pockets"方式，在"Tool path style"下拉列表框中选择"Spiral"方式，其余参数加根据精度等要求，自行设定，也可采用默认值。

② "Radial" "Axial" 等其他选项卡可根据精度等要求具体设定，也可采用默认值。

4）定义刀具参数。单击刀具设定 选项卡，弹出如图4-53所示对话框。选择面铣刀 作为加工刀具，在"Name"文本框中给所用刀具命名，如"T1 End Mill D20"，设定刀具直径、长度等参数，选中 Ball-end tool 复选框。

图4-52 加工策略设定对话框

图4-53 刀具参数设定对话框

5）定义进给率。单击速度设定 选项卡，弹出如图4-54所示对话框。可根据零件精度等具体要求，自行设定加工时的进给率，如进刀速度、加工速度、退刀速度等，也可设定转角时的进给率及主轴转速等参数。

6）定义进退刀路径。单击宏设定 选项卡，弹出如图4-55所示对话框。

可对三种情况定义：

① Automatic：定义切削过程中路径之间连接方式。

Plunge：插刀进退刀方式。

Drilling：刀具旋转进退刀方式。

Ramping：斜向进退刀方式。

Helix：螺旋线进退刀方式。

② Pre-motions：定义刀具从安全平面到切削平面之间的运动路径。

③ Post-motions：定义刀具从切削平面返回安全平面的运动路径。

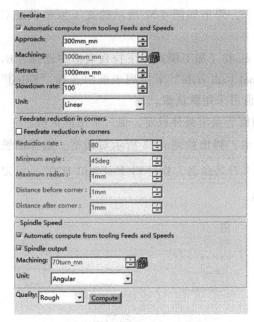

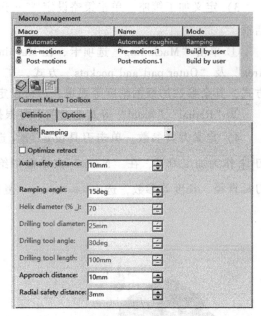

图 4-54　进给率设定对话框　　　　　　　图 4-55　进退刀路径设定对话框

7）在等高线粗加工对话框中（图 4-49）单击　按钮，进行刀具路径预览，如图 4-56所示。

8）在图 4-57 所示操作界面，可以演示零件加工过程。

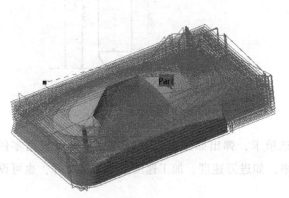

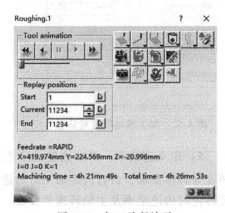

图 4-56　等高线粗加工路径　　　　　　　图 4-57　加工路径演示

（4）零件外轮廓精加工

1）在"Machining Operations"工具栏中单击　图标，建立等高线精加工操作，弹出如图 4-58 所示等高线精加工操作对话框。

2）定义加工区域。单击被加工件设定　选项卡，弹出如图 4-59 所示加工区域设定对话框，在加工零件感应区位置右击，在弹出菜单中单击"select faces"，在零件上依次选择图 4-60 中标出的外轮廓面，在图 4-61 所示 Face Selection（面选择）工具栏上单击"OK"或双击鼠标左键结束选择。

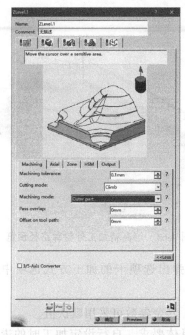

图 4-58 等高线精加工操作对话框

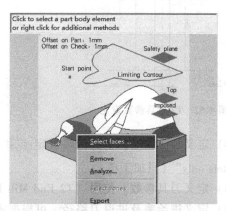

图 4-59 加工区域设定对话框

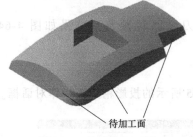

图 4-60 选择待加工面

图 4-61 面选择工具栏

3）定义加工策略。单击策略设定 选项卡，在弹出选项卡的加工方式选项中选择 "Outer part"（只加工零件外轮廓）。

4）定义刀具参数。单击刀具设定 选项卡，选择面铣刀 作为加工刀具，可按照图 4-62 对话框中所示的数值设定刀具参数，并命名为 "T2 End Mill D10"。

5）定义进给率及进退刀路径。可根据零件精度等具体要求，自行设定加工时的进给率及进退刀路径，也可采用默认值。

6）在等高线精加工对话框中（图 4-58）单击 按钮，进行刀具路径预览，结果如图 4-63 所示。

（5）槽轮廓精加工

1）在 "Machining Operations" 工具栏中单击 图标，建立等高线精加工操作，弹出操作设定对话框。

2）定义加工区域。单击被加工件设定 选项卡，弹出加工区域设定对话框，单击加工零件感应区位置，对话框消失，选择零件，双击鼠标左键结束设定。

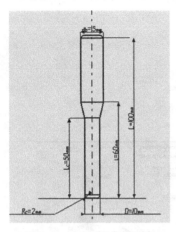

图 4-62　T2 刀具参数设定

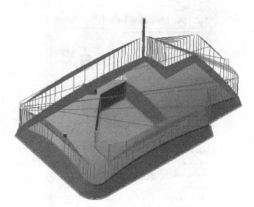

图 4-63　等高精加工外轮廓路径预览

3）定义加工策略。单击策略设定 选项卡，在弹出选项卡的加工方式选项中选择"Pockets only"（只加工槽）。

4）定义刀具参数。使用"T2 End Mill D10"刀具，其余参数可采用默认值。

5）定义进给率及进退刀路径。可根据零件精度等具体要求，自行设定加工时的进给率及进退刀路径，也可采用默认值。

6）在等高线精加工对话框中单击 按钮，进行刀具路径预览，结果如图 4-64 所示。

（6）上表面曲面精加工

1）单击 图标，建立投影精加工操作，弹出如图 4-65 所示的投影精加工操作对话框。

图 4-64　槽轮廓精加工路径预览

图 4-65　投影精加工操作对话框

2）定义加工区域。单击被加工件设定 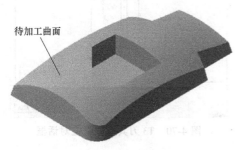 选项卡，弹出加工区域设定对话框，在加工零件感应区位置右击，在弹出菜单中单击"select faces"，在零件上依次选择图4-66所示外轮廓面，在"Face Selection"工具栏上单击"OK"或双击鼠标左键结束选择。

3）定义加工策略。可采用默认值。

4）定义刀具参数。使用"T2 End Mill D10"刀具，其余参数可采用默认值。

5）定义进给率及进退刀路径。可根据零件精度等具体要求，自行设定加工时的进给率及进退刀路径，也可采用默认值。

6）在投影精加工对话框中（图4-65）单击 按钮，进行刀具路径预览，结果如图4-67所示。

待加工曲面

图4-66 选择待加工面

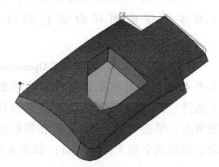

图4-67 曲面投影精加工路径预览

（7）槽底曲面精加工

1）单击 图标，建立投影精加工操作，系统弹出操作对话框。

2）定义加工区域。单击被加工件设定 选项卡，弹出加工区域设定对话框，在加工零件感应区位置右击，在弹出菜单中单击"select faces"，在零件上选择图4-68中所示的槽底面，在"Face Selection"工具栏上单击"OK"或双击鼠标左键结束选择。

3）定义加工策略。可采用默认值。

4）定义刀具参数。使用"T2 End Mill D10"刀具，其余参数可采用默认值。

5）定义进给率及进退刀路径。可根据零件精度等具体要求，自行设定加工时的进给率及进退刀路径，也可采用默认值。

6）在投影精加工对话框中单击 按钮，进行刀具路径预览，结果如图4-69所示。

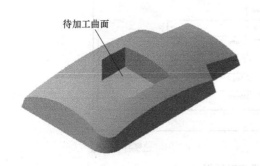
待加工曲面

图4-68 选择待加工面

图4-69 槽底曲面投影精加工路径预览

（8）倒角处精加工

1）添加补加工时所用的刀具。在"Auxiliary Operations"工具栏中，单击平底铣刀 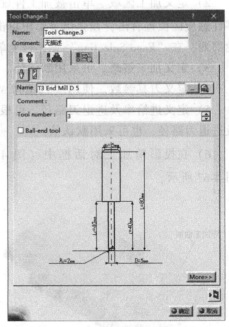 按钮后，选择特征树上的"Sweepinp. 2"节点，添加名为"T3 End Mill D5"的刀具，刀具参数如图4-70对话框中所示。

2）在"Machining Featurs"工具栏中单击 Rework Area（补加工区域设定），建立圆角补加工。在图4-71所示操作对话框中，选择需要补加工的零件或曲面并命名它们的名称，单击 Compute 按钮进行运算。

3）运算结束后，单击"Operation"标签，进入图4-72所示补加工区域设定对话框，在特征树上选择"T3 End Mill D5"刀具作为补加工要插入的节点，单击"确定"，此时在特征树上显示出自动生成的两个加工操作节点，如图4-73所示。

图4-70　T3刀具参数设定对话框

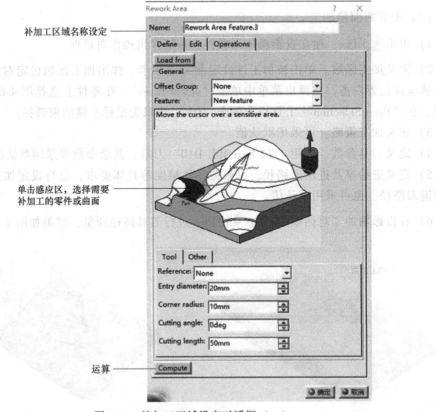

补加工区域名称设定

单击感应区，选择需要补加工的零件或曲面

运算

图4-71　补加工区域设定对话框（一）

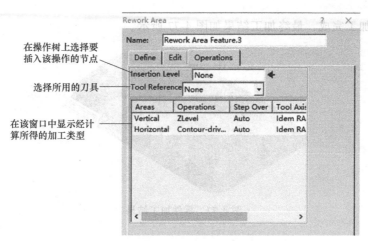

图 4-72 补加工区域设定对话框（二）

4）此时自动生成两个操作节点，如图 4-73 所示。自动生成的两个操作还没有经过运算，需双击生成的操作，进入加工操作设定对话框，如图 4-74 所示，单击 （刀具路径演示）按钮，生成加工轨迹如图 4-75、图 4-76 所示。

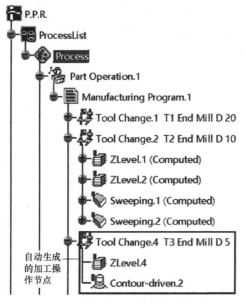

图 4-73 添加加工操作节点

图 4-74 ZLevel（等高线精加工）操作设定对话框

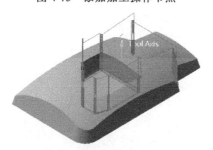

图 4-75 ZLevel（等高线精加工）补加工路径

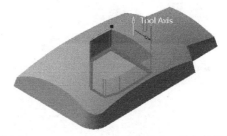

图 4-76 Contour-driven（轮廓驱动）补加工路径

（9）零件加工完成，最终加工结果如图 4-77 所示。

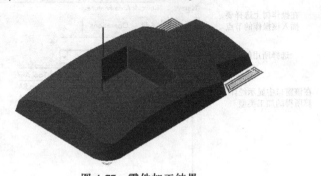

图 4-77　零件加工结果

项目 ❺

多轴曲面加工

任务 5.1　多轴曲面加工概述

学习目标

1. 了解多轴曲面加工平台的功能。

2. 了解多轴曲面加工方法。

工作任务

能够进入多轴曲面加工平台建立多轴曲面加工操作。

1. 多轴曲面加工功能概述

1）多轴曲面加工可以利用 3D 线架和实体模型编制五坐标数控程序来加工零件。

2）在边界导动技术的基础上，多轴曲面加工提供了一体化的刀具轨迹演示与修改。

3）多轴曲面加工以三轴曲面加工为基础。

4）多轴曲面加工可用于模具实体数模编程，通过五轴机床加工可得到较高的零件表面质量，从而实现更快更精确的加工。

所以，在一个通用的数控编程平台上能同时进行良好的三轴、五轴编程，用户使用起来非常方便。

2. 多轴曲面加工方法

（1）启动工作平台　在 CATIA 软件中，单击开始→加工→Surface Machining（曲面加工），过程如图 5-1 所示。

（2）常用的多轴曲面加工操作

⬚：多轴投影加工。

⬚：多轴轮廓导动加工。

⬚：等参加工。

⬚：多轴曲线加工。

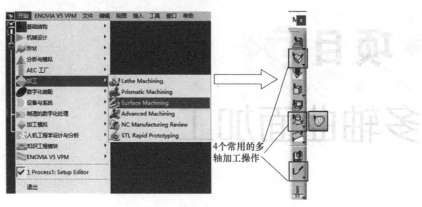

图 5-1　启动曲面加工工作平台

任务 5.2　建立多轴曲面加工操作

学习目标

1. 掌握多种多轴曲面加工方法的含义与区别。
2. 掌握不同多轴曲面加工方法参数设定的方法。

工作任务

能够根据不同的加工零件选择合适的加工方法，设定合理的加工参数并完成仿真加工。

一、多轴投影加工操作

1. 多轴投影加工操作说明

1）多轴投影铣削加工操作的刀具路径在相互平行的平面内，用户要定义相应的几何限制元素和加工的几何体及加工策略参数。

2）在多轴投影加工操作中，以视图方向和开始方向定义引导平面，加工操作在平行于引导平面的平面上进行。

2. 建立一个多轴投影加工操作

1）单击多轴投影加工操作按钮 ↗。

2）建立一个新的操作，显示如图 5-2 所示操作对话框。

3）定义操作的几何元素及参数。

4）演示刀具路径。

5）单击"确定"按钮确认建立操作。

3. 定义加工策略 📖

（1）Machining（加工参数）　加工参数设定对话框

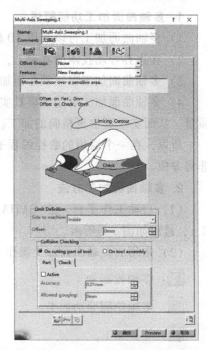

图 5-2　多轴投影加工操作对话框

如图 5-3 所示。

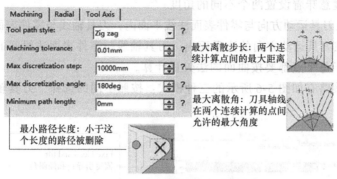

图 5-3　加工参数设定对话框

（2）Radial（径向参数）　径向参数设定对话框如图 5-4 所示。

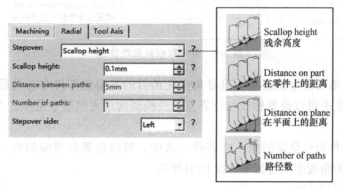

图 5-4　径向参数设定对话框

（3）Tool Axis（刀具轴线）　刀具轴线的设定方法有八种，如图 5-5 所示。

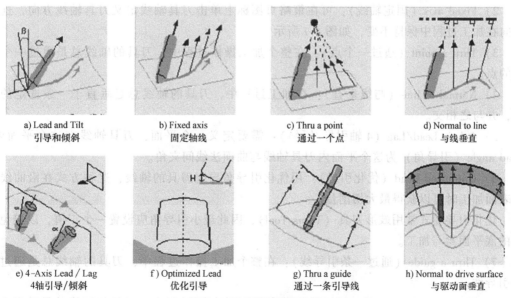

a) Lead and Tilt
引导和倾斜

b) Fixed axis
固定轴线

c) Thru a point
通过一个点

d) Normal to line
与线垂直

e) 4-Axis Lead / Lag
4轴引导/倾斜

f) Optimized Lead
优化引导

g) Thru a guide
通过一条引导线

h) Normal to drive surface
与驱动面垂直

图 5-5　刀具轴线设定方法

1）Lead and Tilt（引导和倾斜）：刀具的轴线合成矢量引导加工。

合成倾斜角度意味着设置两个不同的角度。

引导角 α：在刀具运动方向与零件表面法线平面内，刀具轴线与零件表面法线间的夹角。

倾斜角 β：在刀具运动方向的法平面内，刀具轴线与零件表面法线间的夹角。

这些角度对于每个点都要按曲面的法矢量计算。

引导和倾斜策略有如图 5-6 所示的三种模式：按照不同的选择，刀具轴线会有不同的自由度。

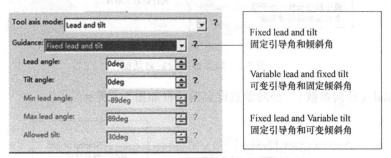

图 5-6　引导和倾斜策略模式

① 可变引导角和固定倾斜角：引导角变化的目的是避免零件与刀具后刀面或刀体发生干涉，在这种方式中可以设置轴线与计算点处法线间的最大和最小角度，刀具的引导角在这两个值之间变化。

② 固定引导角和变化倾斜角：在该种方式中，可以设置参考倾斜角、刀具轴线与计算点处曲面法线间的角度变化范围和固定的引导角。

一般来说，可以选择：

① 使用带圆角的面铣刀时可选用可变化引导角和固定倾斜角。

② 使用球头铣刀时选用固定引导角和可变化倾斜角。

2）Fixed axis（固定轴线）：可在策略页图标上单击刀具轴线定义刀具轴线方向，这个方向在加工过程中保持不变，如图 5-7 所示。

3）Thru a point（通过一个点）：在整个加工操作过程中，刀具的轴线总是通过一个选定的点。

4）Normal to line（与线垂直）：在加工过程中，刀具的轴线总是垂直于一条选定的直线，并与之相交。

5）4-Axis Lead/Lag（4 轴引导/倾斜）：需要定义一个平面，刀具轴线在这个平面内。Lead angle（引导角）为这个平面内刀具轴线与曲面法线间夹角。

6）Optimized Lead（优化引导）：用优化引导角导引刀具的轴线，这种方式在沿曲线零件表面加工时可以获得最大切削量。

优化引导模式常用鼓形刀具（Torus Tool），因此最小引导角应设置一个正值，以避免刀具的底平面参与加工。

7）Thru a guide（通过一条引导线）：在整个加工操作过程中，刀具的轴线总是通过一条引导线。

8）Normal to drive surface（与驱动面垂直）：在加工过程中，刀具的轴线总是垂直于一

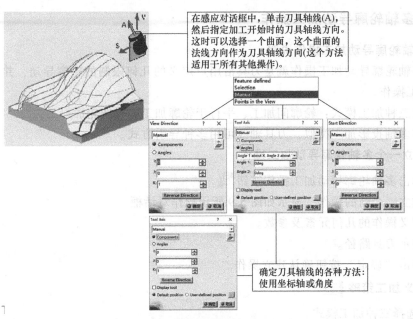

图 5-7 刀具轴线方向设定

个选定的曲面。刀具轴线垂直于选定的曲面并与之相交。

4. 定义被加工几何元素

被加工几何体参数设定对话框，如图 5-8 所示。

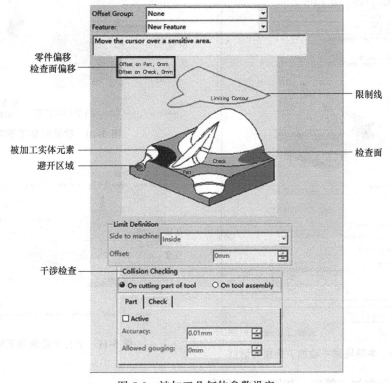

图 5-8 被加工几何体参数设定

二、多轴轮廓导动加工操作

1. 多轴轮廓导动加工操作说明

1）多轴轮廓导动加工操作就是刀具沿用户定义的几何限制的轮廓导动，并按指定的策略参数加工操作。

2）有三种加工模式：轮廓间加工、平行于轮廓加工、脊线轮廓加工。

3）与多轴投影加工类似，刀具轴线可用多种导引方式。

2. 建立一个多轴轮廓导动加工操作

1）单击多轴轮廓导动加工操作按钮 。

2）建立一个新的操作，显示如图5-9所示操作对话框。

3）定义操作的几何元素及参数。

4）演示刀具路径。

5）单击"确定"按钮确认建立操作。

3. 定义加工策略

可以选择三种加工模式。

1）轮廓间加工策略，如图5-10所示。

2）平行于轮廓加工策略，如图5-11所示。

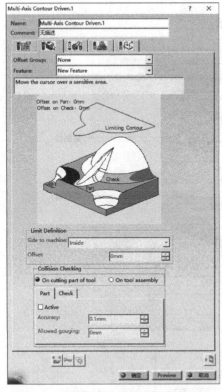

图5-9　多轴轮廓导动加工操作对话框

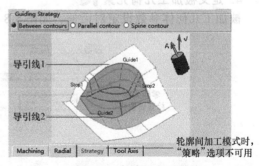

图5-10　轮廓间加工策略

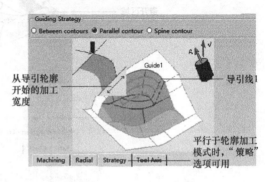

图5-11　平行于轮廓加工策略

3）脊线轮廓加工策略，如图5-12所示。

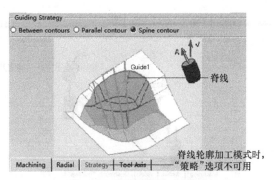

图 5-12 脊线轮廓加工策略

三、多轴曲线加工操作

1. 多轴曲线加工操作说明

1）多轴曲线铣削加工就是用刀具的侧刃、刀具轴线或刀尖的接触点沿一条用户定义的曲线导动进行的加工操作。

2）与多轴投影加工类似，刀具轴线可用多种导引方式。

2. 建立一个多轴曲线加工操作

1）单击多轴曲线加工操作按钮 。

2）建立一个新的操作，显示如图 5-13 所示操作对话框。

3）定义操作的几何元素及参数。

4）演示刀具路径。

5）单击"确定"按钮确认建立操作。

3. 定义加工策略

曲线加工模式共有三种，如图 5-14 所示。

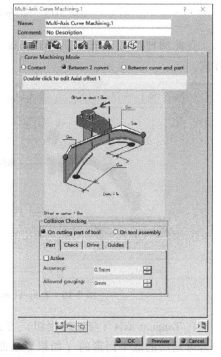

图 5-13 多轴曲线加工操作对话框

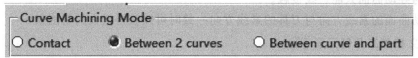

图 5-14 曲线加工模式设定

采用不同的加工方式时，可设定的加工参数也不同。

1）用于 Contact（接触点）和 Between curve and part（曲线和零件）加工模式时，加工参数的设定如图 5-15 所示。

在此两种加工模式下，Tool axis（刀具轴线）的方式为 Interpolation（插补）方式。

2）Between 2 curves（两曲线间）和 Between curve and part（曲线和零件）加工模式时，加工参数的设定如图 5-16 所示。

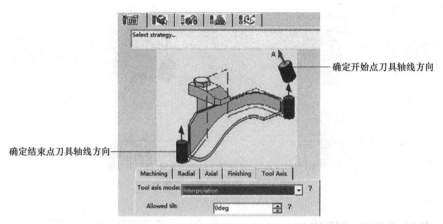

确定开始点刀具轴线方向

确定结束点刀具轴线方向

图 5-15 Interpolation（插补）方式下刀轴的设定

在此两种加工模式下，Tool axis（刀具轴线）的方式为 Tangent axis（与轴线相切）方式。

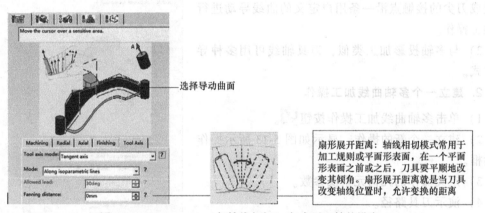

选择导动曲面

扇形展开距离：轴线相切模式常用于加工规则或平面形表面，在一个平面形表面之前或之后，刀具要平顺地改变其倾角。扇形展开距离就是当刀具改变轴线位置时，允许变换的距离

图 5-16 Tangent axis（与轴线相切）方式下刀轴的设定

在 Tangent axis（与轴线相切）方式中，刀具轴线沿导动曲面的素线方向，导动曲面假定为可延展的或平面形的（如果导动曲面不符合这些条件，系统会出现警告信息）。也就是说，刀具与导动曲面只能是线接触。

当导动曲面的素线方向与刀具的素线方向一致时可以获得最大的切削量。

4. 定义被加工几何元素

1）Contact（接触点）加工模式下，被加工几何元素定义对话框如图 5-17 所示。

2）Between 2 curves（两曲线间）加工模式下，被加工几何元素定义对话框如图 5-18 所示。

3）Between curve and part（曲线和零件）加工模式下，被加工几何元素选择对话框如图 5-19 所示。

四、等参加工操作

1. 等参加工操作说明

1）等参铣削加工就是在选择的带状表面上沿等参线加工操作。

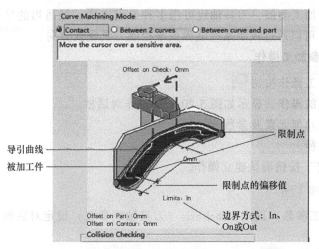

图 5-17　Contact（接触点）加工模式下被加工几何元素定义对话框

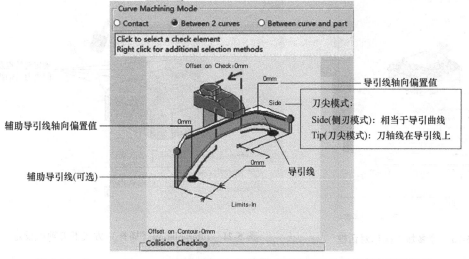

图 5-18　Between 2 curves（两曲线间）加工模式下被加工几何元素定义对话框

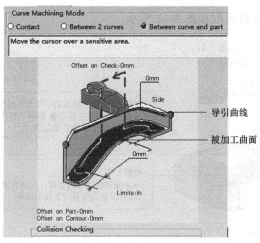

图 5-19　Between curve and part（曲线和零件）加工模式下被加工几何元素定义对话框

2）与多轴投影加工类似，刀具轴线可用多种导引方式。最适当的导引方式是 Interpolation（插补）方式。可以通过控制某些临界点来控制刀具轴线方向。

2. 建立一个等参加工操作

1）单击等参加工操作按钮 ⬭。

2）建立一个新的操作，显示如图 5-20 所示操作对话框。

3）定义操作的几何元素及参数。

4）演示刀具路径。

5）单击"确定"按钮确认建立操作。

3. 定义加工策略 📓🖥

Machining（加工参数）设定：Tool axis（刀具轴线参数）设定对话框如图 5-21 所示。

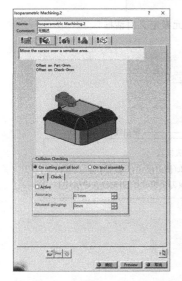

图 5-20　等参加工操作对话框

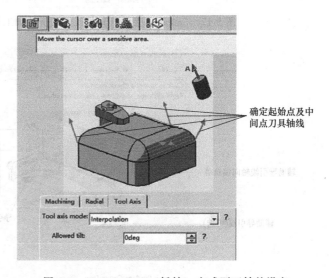

确定起始点及中间点刀具轴线

图 5-21　Interpolation（插补）方式下刀轴的设定

4. 定义被加工几何元素 📓🖥

被加工几何元素定义对话框如图 5-22 所示。

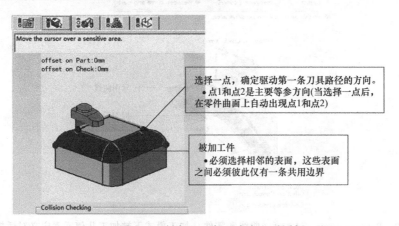

选择一点，确定驱动第一条刀具路径的方向。
· 点1和点2是主要等参方向(当选择一点后，在零件曲面上自动出现点1和点2)

被加工件
· 必须选择相邻的表面，这些表面之间必须彼此仅有一条共用边界

图 5-22　被加工几何元素定义对话框

五、多轴钻孔加工操作

1. 多轴钻孔加工操作说明

钻孔就是对零件进行轴向加工操作，钻孔可以选择多轴钻孔和固定轴线钻孔。

2. 建立一个钻孔加工操作

1）单击多轴钻孔加工操作按钮 。

2）建立一个新的操作，显示操作对话框，如图 5-23 所示。

3）定义操作的几何元素及参数。

4）演示刀具路径。

5）单击"确定"按钮确认建立操作。

3. 定义被加工几何元素

被加工几何元素定义对话框如图 5-24 所示：

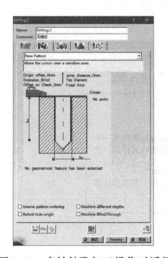

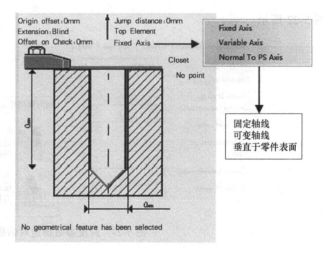

图 5-23 多轴钻孔加工操作对话框　　　图 5-24 被加工几何元素设定对话框

六、多轴侧壁轮廓加工操作

1. 建立一个多轴侧壁轮廓加工操作

1）单击多轴侧壁轮廓加工操作按钮 。

2）建立一个新的操作，显示如图 5-25 所示操作对话框。

3）定义操作的几何元素及参数。

4）演示刀具路径。

5）单击"确定"按钮确认建立操作。

2. 定义加工策略

（1）Machining（加工参数）　加工参数设定对话框如图 5-26 所示。

（2）Stepover（跨度参数）　跨度参数设定对话框

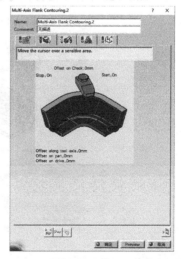

图 5-25 多轴侧壁轮廓加工操作对话框

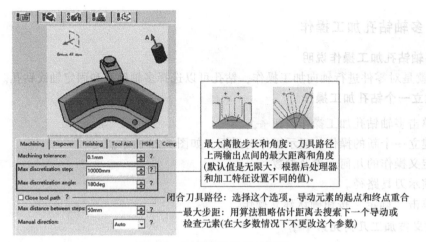

最大离散步长和角度：刀具路径上两输出点间的最大距离和角度(默认值是无限大，根据后处理器和加工特征设置不同的值)。

闭合刀具路径：选择这个选项，导动元素的起点和终点重合

最大步距：用算法粗略估计距离去搜索下一个导动或检查元素(在大多数情况下不更改这个参数)

图 5-26 加工参数设定对话框

如图 5-27 所示。

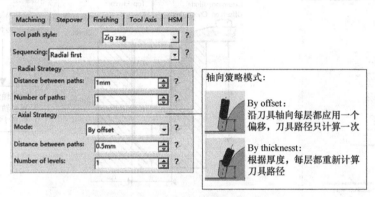

轴向策略模式：

By offset：
沿刀具轴向每层都应用一个偏移，刀具路径只计算一次

By thicknesst：
根据厚度，每层都重新计算刀具路径

图 5-27 跨度参数设定对话框

（3）Tool Axis（刀具轴线参数） 导引方式共有六种。

1）Tanto Fan（扇形相切）导引，参数设定如图 5-28 所示。

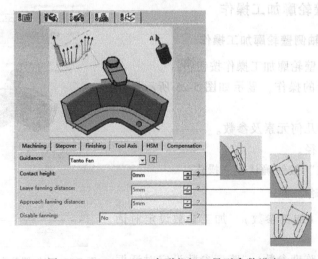

图 5-28 Tanto Fan（扇形相切）导引参数设定

① 在给定的 Contact height（接触高度），刀具与导动曲面相切，刀具在开始和结束位置间插补。

② Contact height（接触高度）是导动曲面上的一个确定点距刀具底端的距离，默认值为 0mm。

2）Combin Tanto（相切组合）导引，参数设定如图 5-29 所示。

① Combin tanto＝Tanto Fan（Leaving fanning distance）+Tanto＋ Tanto Fan（Approach＋ fanning distance）

组成相切＝扇形相切（退刀距离）＋相切＋扇形相切（进刀距离）

② Tanto（相切）：刀具在给定的接触高度相切于导动曲面，刀具轴线在前进方向的法平面内。

③ 进刀和退刀距离可以修改。

3）Combin parelm（等参相切组合）导引，参数如图 5-30 所示。

图 5-29　Combin Tanto（相切组合）导引参数设定

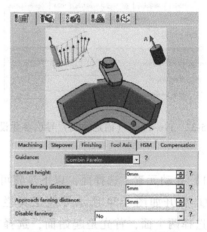

图 5-30　Combin parelm（等参相切组合）导引参数设定

① Combin parelm＝Tanto Fan（Leaving fanning distance）+Tanto Parelm＋ Tanto Fan（Approach＋ fanning distance）

等参相切组合＝扇形相切（退刀距离）＋参数线相切＋扇形相切（进刀距离）

② Tanto Parelm（参数线相切）：刀具在给定的接触高度相切于导动曲面，沿着曲面等参加工。

③ 进刀和退刀距离可以修改。

4）Mixed Combin（混合组成）导引，参数设定如图 5-31 所示。

除平面和圆柱表面外，这个策略相当于等参相切组合。平面和圆柱面使用组成相切策略（平面和圆柱面不适合使用等参加工）。

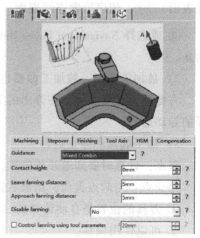

图 5-31　Mixed Combin（混合组成）导引参数设定

5）Fixed axis（固定轴线）导引，参数设定如图 5-32 所示。

该方法刀具轴线固定。

3. 定义被加工几何元素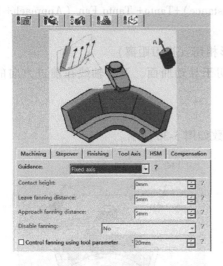

被加工几何元素定义对话框如图 5-33 所示。

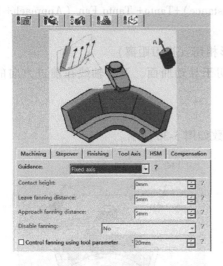

图 5-32　Fixed axis（固定轴线）导引参数设定

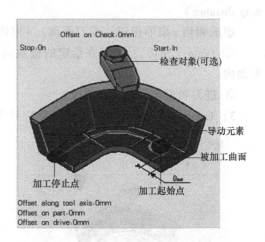

图 5-33　被加工几何元素定义对话框

1）导动元素。选择面：以下步骤可以快速选择导动元素。

① 打开如图 5-34 所示导航工具栏，至少需要选择两个面，首先是起始面，选择第二个面可以确定搜索方向。

② 选择 Navigate on Belt of Faces（搜索连续表面），依序搜索连续表面。

图 5-34　面选择导航工具栏

③ 或选择 Navigate on Faces Until a Faces（搜索从曲面到曲面），搜索到选择的曲面为止。

2）被加工曲面。被加工曲面也可以是一条曲线。

右键单击被加工件，在弹出的菜单中选择 "Use curves as part"，系统只接受曲线作为选择的导动边界。

3）加工起点和停止点。

起点：计算时要知道开始位置，系统使用第一个选择的导动元素和开始元素计算该点。

停止点：与起点类似，用最后选择的导动元素和停止元素计算该点。

① 刀具的位置是自动计算的，但可以通过在 start 或 stop 右击修改。

② 可以使用偏移。

4）检查对象。检查对象、刀具轴线、被加工件和导动曲面可以施加偏移。

任务5.3 多轴曲面加工实例

学习目标

1. 熟练使用多轴曲面多种方法加工。

2. 熟练掌握零件加工工艺制订原则和方法。

工作任务

能根据所给的曲面零件，设计加工工艺并完成仿真加工。

1. 确定加工工艺路线

加工图 5-35 所示零件，加工工艺路线为：

1）零件粗加工——平面铣削加工、等高线粗加工。

2）铣削三个起模面——轮廓驱动加工。

3）铣削带凸台的起模面——轮廓驱动加工、平面铣削加工、轮廓铣削加工。

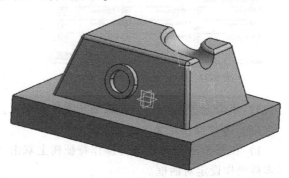

图 5-35 多轴曲面加工零件

4）铣削底座平面——多轴曲线加工。

5）铣削曲面槽——多轴轮廓驱动加工。

6）铣削倒角——多轴轮廓驱动加工、多轴投影加工，加工过程如图 5-36 所示。

图 5-36 零件加工过程

2. 零件加工过程

（1）设定毛坯零件

1）单击"Geometry Management"工具栏中的毛坯设定 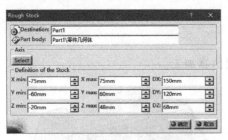 按钮，系统弹出如图5-37所示对话框。

2）在图形区选择待加工零件，则以该零件作为毛坯参照，系统自动创建一个毛坯零件，如图5-38所示。

图5-37　毛坯零件设定对话框

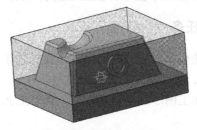

图5-38　设定毛坯零件

3）单击 ● 确定 按钮，完成毛坯零件的设定。

（2）零件操作定义

1）在图5-39所示的零件操作特征树上双击"Part Operation.1"节点，弹出如图5-40所示零件操作设定对话框。

图5-39　零件操作特征树

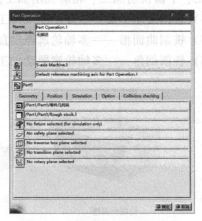

图5-40　零件操作设定对话框

2）单击 按钮，选定加工时所用的五轴加工机床 。

3）单击 按钮，设定零件加工坐标系。

4）单击 按钮，选取要加工的零件。

5）单击 按钮，选取要加工零件的毛坯。

（3）零件的粗加工

1）铣平面

① 在"Machining Operations"工具栏中单击 图标，建立平面铣削加工操作，弹出如

图 5-41 所示平面铣削操作对话框。

② 定义加工区域。单击被加工件设定 选项卡，弹出如图 5-42 所示加工区域设定对话框，单击加工零件感应区位置，对话框消失，选择如图 5-43 显示的零件的上表面和零件边界，双击鼠标左键结束设定。

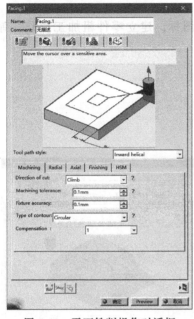

图 5-41　平面铣削操作对话框

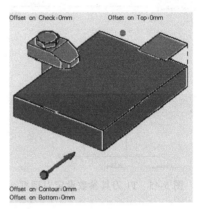

图 5-42　加工区域设定对话框

③ 定义加工策略。单击策略设定 选项卡，在弹出的选项卡中的刀具路径类型选项中选择 "Inward helical"。

在图 5-44 所示对话框中设定各项加工参数，其余参数可采用默认值。

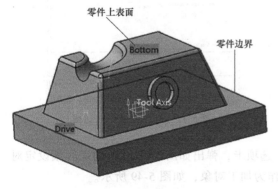

图 5-43　选择待加工面

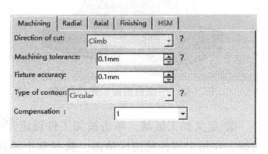

图 5-44　加工参数设定界面

④ 定义刀具参数。单击刀具设定 选项卡，弹出如图 5-45 所示对话框。选择面铣刀 作为加工刀具，在 "Name" 文本框中给所用刀具命名，如 "T1 End Mill D20"，可按图中所示数值设置刀具参数，也可以根据加工情况自定义。

⑤ 定义进给率及进退刀路径。可根据零件精度等具体要求，自行设定加工时的进给率及进退刀路径，也可采用默认值。

⑥ 在 Facing.1（平面铣削加工）对话框中（图 5-41）单击 按钮，进行刀具路径预览，结果如图 5-46 所示。

2）粗加工。

① 在 "Machining Operations" 工具栏中单击 图标，建立零件粗加工操作，弹出如图 5-47 所示等高线粗加工操作对话框。

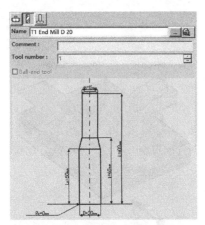

图 5-45 T1 刀具参数设定对话框

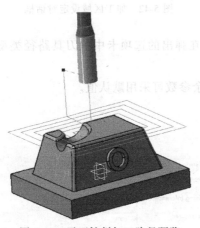

图 5-46 平面铣削加工路径预览

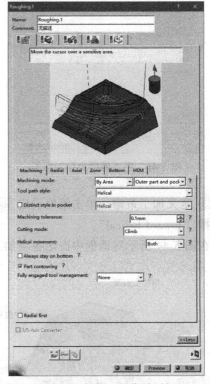

图 5-47 粗加工操作对话框

② 定义加工区域。单击被加工件设定 选项卡，弹出如图 5-48 所示加工区域设定对话框，在加工零件感应区单击，选择整个零件作为加工对象，如图 5-49 所示。

③ 定义加工策略。单击策略设定 选项卡，在图 5-50 所示对话框中设定加工方式、径向加工、轴向加工等参数。

④ 定义刀具参数。单击刀具设定 选项卡，选择 "T1 End Mill D20" 面铣刀作为加工刀具。

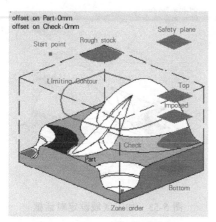

图 5-48 加工区域设定对话框

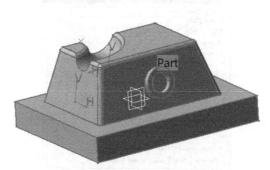

图 5-49 选择待加工零件

⑤ 定义进给率及进退刀路径。可根据零件精度等具体要求，自行设定加工时的进给率及进退刀路径，也可采用默认值。

⑥ 在 Roughing. 1（等高粗加工）对话框（图 5-47）中单击 按钮，进行刀具路径预览，结果如图 5-51 所示。

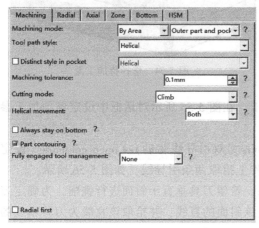

图 5-50 加工参数设定对话框

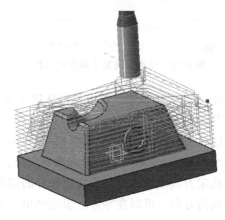

图 5-51 零件粗加工路径预览

（4）铣削三个起模面 该零件四个侧面分别是角度为 10° 和 20° 的起模斜面，其中三个无凸台的斜面可用同一把刀具铣削加工完成，有圆台和圆槽的起模面需要更换加工刀具，因此在另一工序中单独完成加工。

该工序要加工的三个起模斜面角度和方向都不完全相同，因此分为三个工步分别设定相应加工参数进行加工，以下以一个起模面为例进行介绍，其余两个起模面读者可自动练习。

① 在 "Machining Operations" 工具栏中单击 图标，建立轮廓驱动加工操作，弹出如图 5-52 所示的轮廓驱动操作对话框。

② 定义加工区域。单击被加工件设定 选项卡，弹出如图 5-53 所示加工区域设定对话框，在加工零件感应区位置右击，在弹出的菜单中单击 "select faces"，在零件上依次选择图 5-54 所示的要加工起模面和检查要素，在工具栏上单击 "OK" 按钮或双击鼠标左键结束选择。

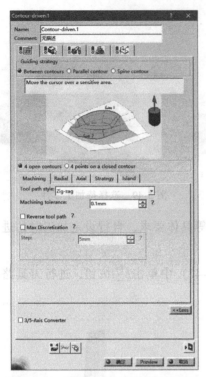

图 5-52　轮廓驱动加工操作对话框

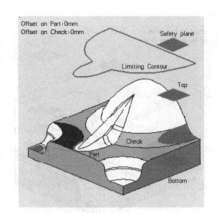

图 5-53　加工区域设定对话框

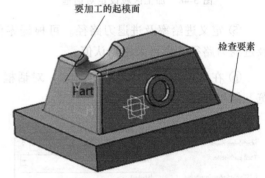

图 5-54　选择待加工面

③ 定义加工策略。单击策略认定 选项卡，在图 5-55 所示对话框中设定各项加工参数，具体如下：

Guiding strategy（驱动策略）：Between contours（双引导线驱动）-4 open contours（设定引导线和界线），单击引导线选取感应区，在零件上拾取两条引导线，如图 5-56 所示。

确定刀具轴线方向：为实现较好的切削效果，希望刀具垂直于斜面进行铣削，为确定刀具轴线的方向，可以在零件上事先画出一条垂直该斜面的直线，并拾取该直线为刀具轴线的方向。

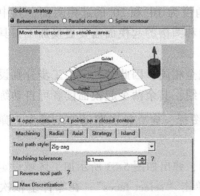

图 5-55　加工参数设定对话框

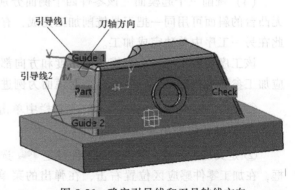

图 5-56　确定引导线和刀具轴线方向

Strategy（加工策略）选项卡设置如图5-57所示，其中Position on guide2（在引导线2的定位）设定为Inside（内部）方式，其他参数可根据加工情况设置，也可以使用默认值。

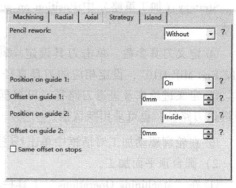

④定义刀具参数。单击刀具设定  选项卡，选择"T1 End Mill D20"面铣刀作为加工刀具。

⑤定义进给率及进退刀路径。可根据零件精度等具体要求，自行设定加工时的进给率及进退刀路径，也可采用默认值。

图5-57　Strategy（加工策略）设置对话框

⑥在Contour-driven. 1（轮廓驱动加工）对话框中（图5-52）单击 按钮，进行刀具路径预览，结果如图5-58所示。

（5）铣削带凸台的起模面

1）起模面加工。该起模面加工与其他三个起模面加工方式类似，只是由于尺寸的限制需要选取直径为φ10的铣刀，把斜面上的圆台设置为检查要素，具体过程如下：

①在"Machining Operations"工具栏单击 图标，建立轮廓驱动加工操作，弹出操作设定对话框。

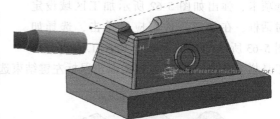

图5-58　起模斜面加工路径预览

②定义加工区域。单击被加工件设定 选项卡，弹出加工区域设定对话框，在加工零件感应区位置右击，在弹出菜单中单击"select faces"，在零件上依次选择图5-59所示的要加工起模面和检查要素，在工具栏上单击"OK"按钮或双击鼠标左键结束选择。

③定义加工策略。单击策略设定 选项卡，在加工策略设定对话框中单击Guiding strategy（驱动策略）：Between contours（双引导线驱动）-4 open contours（设定引导线和界线），在零件上拾取两条引导线和刀轴的方向，如图5-60所示。

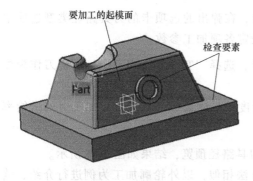

图5-59　选择待加工面

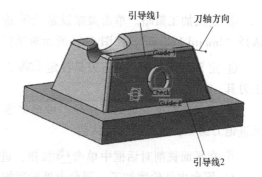

图5-60　确定引导线和刀轴方向

Strategy（加工策略）中 Position on guide2（在引导线 2 的定位）设定为 Inside（内部）方式。

④ 定义刀具参数。单击刀具设定 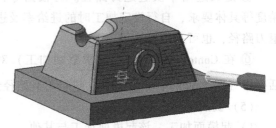 选项卡，选择 面铣刀作为加工刀具，命名为"T2 End Mill D10"，设定相应的刀具直径、长度等参数。

⑤ 定义进给率及进退刀路径。可根据零件精度等具体要求，自行设定加工时的进给率及进退刀路径，也可采用默认值。

⑥ 在轮廓驱动加工对话框中单击 按钮，进行刀具路径预览，结果如图 5-61 所示。

2）圆台顶平面加工。

① 在"Machining Operations"工具栏单击 图标，建立平面铣削加工操作，系统弹出操作设定对话框。

② 定义加工区域。单击策略设定 选项卡，弹出如图 5-62 所示加工区域设定对话框，在加工零件感应区单击，选择如图 5-63 所示凸台的上表面和加工边界，在工具栏上单击"OK"按钮或双击鼠标左键结束选择。

图 5-61　带凸台起模斜面加工路径预览

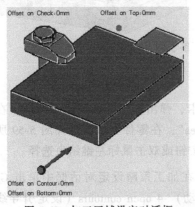

图 5-62　加工区域设定对话框

图 5-63　选择待加工面

③ 定义加工策略。单击策略设定 选项卡，在弹出的选项卡的刀具路径类型选项中选择"Inward helical"，在图 5-64 所示对话框中设定各项加工参数。

④ 定义刀具参数。单击刀具设定 选项卡，选择"T2 End Mill D10"面铣刀作为加工刀具。

⑤ 定义进给率及进退刀路径。可根据零件精度等具体要求，自行设定加工时的进给率及进退刀路径，也可采用默认值。

⑥ 在平面铣削对话框中单击 按钮，进行刀具路径预览，结果如图 5-65 所示。

3）圆台内外轮廓加工。圆台内外轮廓加工方法相似，以外轮廓加工为例进行介绍，读者可自行练习内轮廓加工方法。

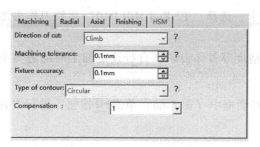

图 5-64　加工参数设定界面

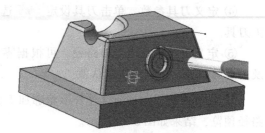

图 5-65　圆台顶平面加工路径预览

① 在 "Machining Operations" 工具栏单击 图标，建立轮廓铣削加工操作，弹出如图 5-66 所示轮廓铣削加工操作设定对话框。

② 定义加工区域。单击被加工件设定 选项卡，弹出如图 5-67 所示加工区域设定对话框，在加工零件感应区位置右击，选择图 5-68 所示的凸台外轮廓和加工底面，单击 "OK" 按钮或双击鼠标左键结束选择。

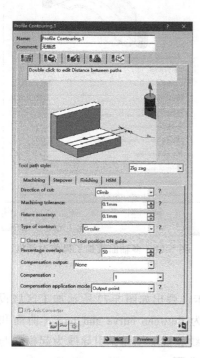

图 5-66　轮廓铣削加工操作对话框

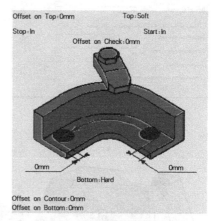

图 5-67　加工区域设定对话框

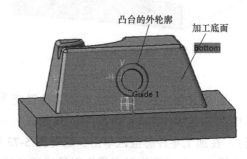

图 5-68　选择待加工面

③ 定义加工策略。单击策略设定 选项卡，在弹出的选项卡的刀具路径类型选项中选择 "Zig zag"，在图 5-69 所示对话框中设定各项加工参数。

④ 定义刀具参数。单击刀具设定 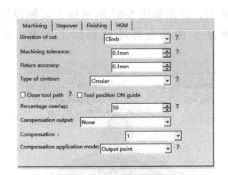 选项卡，选择"T2 End Mill D10"面铣刀作为加工刀具。

⑤ 定义进给率及进退刀路径。可根据零件精度等具体要求，自行设定加工时的进给率及进退刀路径，也可采用默认值。

⑥ 在 Profile ontouring.1（外形轮廓加工）对话框中（图 5-66）单击按钮，进行刀具路径预览，结果如图 5-70 所示。

（6）铣削底座平面

① 在"Machining Operations"工具栏中单击图标，建立多轴曲线加工操作，系统弹出如图 5-71 所示多轴曲线加工操作设定对话框。

图 5-69　加工参数设定对话框

图 5-70　圆台外轮廓加工路径

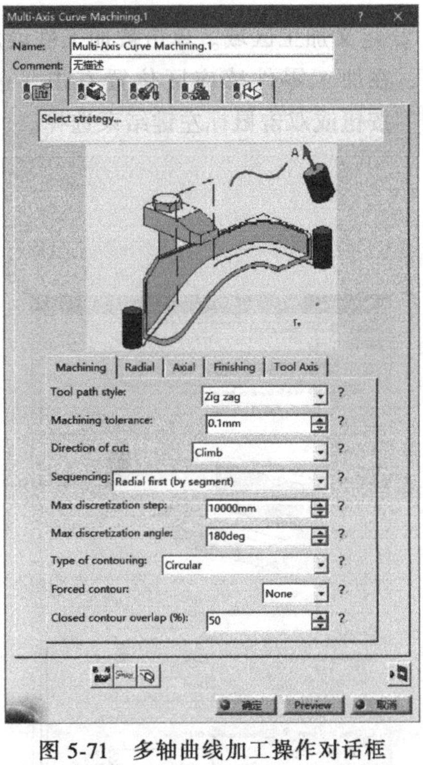

图 5-71　多轴曲线加工操作对话框

② 定义加工区域。单击被加工件设定 选项卡，弹出如图 5-72 所示加工区域设定对话框，Curve Machining Mode（曲线加工方式）设置为 Between curve and part（曲面和零件间），在加工零件感应区单击，选择图 5-73 所示引导线和被加工面，引导线为起模台与底座的交线，被加工面为以交线为引导线所拉伸出的辅助曲面。

③ 定义加工策略。单击策略设定 选项卡，弹出如图 5-74 所示加工策略设定对话框，Tool axis（刀具轴线）设置为 Thru a guide（通过一条引导线）。铣削底座平面时，为使刀具轴线与底座平面平行，刀具轴线所通过的引导线与平面平行且相距 5mm（也就是刀具的半径值）。引导线如图 5-75 所示。

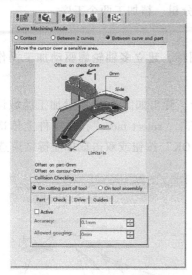

图 5-72　加工区域设定对话框

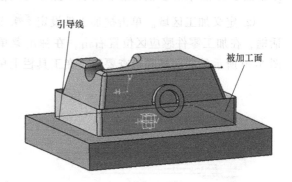

图 5-73　选择待加工面

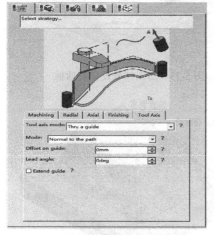

图 5-74　加工参数设定对话框

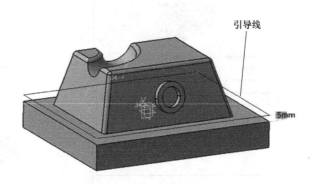

图 5-75　拾取引导线

④ 定义刀具参数。选择"T2 End Mill D10"面铣刀作为加工刀具。

⑤ 定义进给率及进退刀路径。可根据零件精度等具体要求，自行设定加工时的进给率及进退刀路径，也可采用默认值。

⑥ 在 Multi-Axis Curve Machining. 1（多轴曲线加工）对话框中（图 5-71）中单击![按钮]按钮，进行刀具路径预览，如图 5-76 所示。

图 5-76　底座平面加工路径预览

（7）铣削曲面槽 为提高加工效率，该曲面槽为分粗、精加工两个工序。

1）粗加工。

① 在"Machining Operations"工具栏中单击 图标，建立多轴轮廓驱动加工操作，弹出如图 5-77 所示的多轴轮廓驱动加工操作对话框。

② 定义加工区域。单击被加工件设定 选项卡，弹出如图 5-78 所示加工区域设定对话框，在加工零件感应区位置右击，在弹出菜单中单击"select faces"，在零件上依次选择图 5-79 所示的曲面槽和检查要素，在工具栏上单击"OK"按钮或双击鼠标左键结束选择。

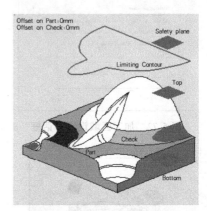

图 5-78 加工区域设定对话框

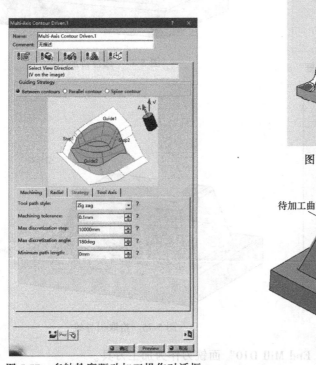

图 5-77 多轴轮廓驱动加工操作对话框

图 5-79 选择待加工面

③ 定义加工策略。单击策略设定 选项卡，在图 5-80 所示对话框中设定各项加工参数，具体如下：

Guiding Strategy（驱动策略）：Between contours（双引导线驱动），单击引导线选取感应区，在零件上拾取两条引导线和两条边界线，如图 5-81 所示。

确定刀具轴线方向：Tool Axis（刀具轴线）设置为 Fixed axis（固定刀轴），刀轴方向为Z 轴。

Radial（径向参数）设置时，Position on guide 2（在引导线 2 的位置）设定为"On"。

④ 定义刀具参数。选择"T2 End Mill D10"面铣刀作为加工刀具。

⑤ 定义进给率及进退刀路径。可根据零件精度等具体要求，自行设定加工时的进给率及进退刀路径，也可采用默认值。

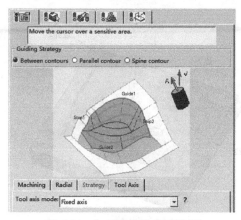

图 5-80　加工参数设定对话框

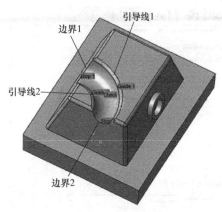

图 5-81　确定引导线和刀轴方向

⑥ 在 Multi-Axis Contour-driven.1（多轴轮廓导动）对话框中图 5-78 单击  按钮，进行刀具路径预览，结果如图 5-82 所示。

2）精加工。

① 在"Machining Operations"工具栏中单击 图标，建立多轴轮廓驱动加工操作，弹出操作设定对话框。

② 定义加工区域。单击被加工件设定 选项卡，弹出如图 5-83 所示加工区域设定对话框，在加工零件感应区位置右击，在弹出菜单中单击"select faces"，在零件上依次选择图 5-84 所示的待加工面，在工具栏上单击"OK"按钮或双击鼠标左键结束选择。

③ 定义加工策略。单击策略设定 选项卡，在图 5-85 所示对话框中设定各项加工参数，具体如下：

图 5-82　曲面槽粗加工路径预览

图 5-83　加工区域设定对话框

图 5-84　选择待加工面

Guiding Strategy（驱动策略）：Between contours（双引导线驱动），单击引导线选取感应区，在零件上拾取两条引导线和两条边界线，如图 5-86 所示。

确定刀具轴线方向：Tool Axis（刀具轴线）设置为 Fixed axis（固定刀轴），刀轴方向为 Z 轴。

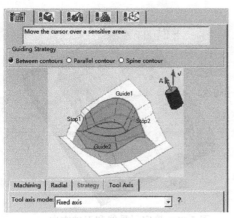

图 5-85　加工参数设定对话框

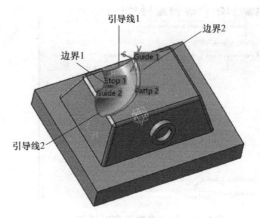

图 5-86　确定引导线和刀轴方向

④ 定义刀具参数。单击刀具设定 选项卡，选择面铣刀 作为加工刀具，刀具命名为 "T3 End Mill D8 Rc4"，设定刀具直径为 φ8 底角为 R4，其余长度等参数可自行设定。

⑤ 定义进给率及进退刀路径。可根据零件精度等具体要求，自行设定加工时的进给率及进退刀路径，也可采用默认值。

⑥ 在多轴轮廓驱动对话框中单击 按钮，进行刀具路径预览，结果如图 5-87 所示。

（8）铣削倒角　该零件顶面的四边和起模台的四个侧边都进行了倒角，设计加工方案时，顶面的倒角分四个工步进行，应用 Multi-Axis Contour Driven（多轴轮廓驱动）加工操作完成；四个侧边的倒角也分为四个工步进行，应用 Multi-Axis Sweeping（多轴投影）加工操作完成，在这里每个加工部位及每种加工方式只介绍一个例子，其余部位的加工请读者自行练习。

1）顶面导角加工。

① 在 "Machining Operations" 工具栏中单击 图标，建立多轴轮廓驱动加工操作，弹出操作设定对话框。

图 5-87　曲面槽精加工路径预览

② 定义加工区域。单击被加工件设定 选项卡，弹出如图 5-88 所示加工区域设定对话框，在加工零件感应区位置右击，在弹出菜单中单击 "select faces"，在零件上依次选择图 5-89 所示的倒角面和检查要素，在工具栏上单击 "OK" 按钮或双击鼠标左键结束选择。

③ 定义加工策略。单击策略设定 选项卡，在图 5-90 所示对话框中设定各项加工参数，具体如下：

Guiding Strategy（驱动策略）：Between contours（双引导线驱动），单击引导线选取感应区，在零件上拾取两条引导线和两条边界线，如图 5-91 所示。

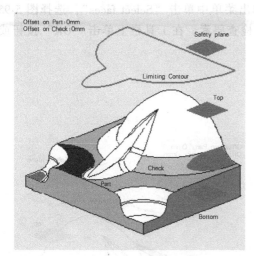

图 5-88 加工区域设定对话框

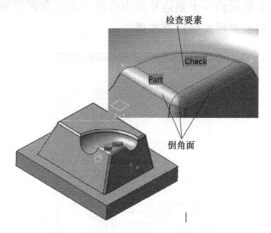

图 5-89 选择待加工面

确定刀具轴线方向：Tool axis（刀具轴线）设置为 Lead and tilt（引导角和倾斜角），策略为 Fixed lead and tilt（固定的引导角和倾斜角）。

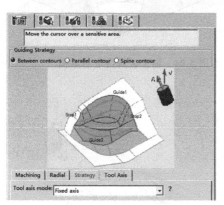

图 5-90 加工参数设定对话框

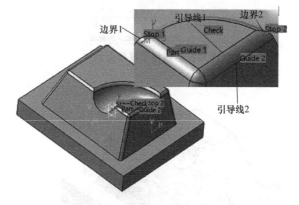

图 5-91 确定引导线和刀轴方向

④ 定义刀具参数。选择"T3 End Mill D8 Rc4"面铣刀作为加工刀具。

⑤ 定义进给率及进退刀路径。可根据零件精度等具体要求，自行设定加工时的进给率及进退刀路径，也可采用默认值。

⑥ 在多轴轮廓驱动对话框中单击 按钮，进行刀具路径预览，如图 5-92 所示。

2）侧边导角加工。

① 在"Machining Operations"工具栏中单击 图标，建立多轴投影加工操作，弹出如图 5-93 所示的多轴投影加工操作设定对话框。

② 定义加工区域。单击被加工件设定 选项卡，弹出如图 5-94 所示的加工区域

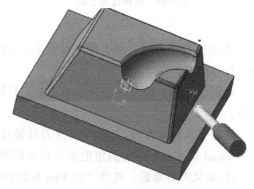

图 5-92 顶面倒角加工路径预览

125

设定对话框，在加工零件感应区位置右击，在弹出菜单中单击"Select faces"，选择图 5-95 中所示的一个侧边导角为待加工曲面和底平面为检查要素，在工具栏上单击"OK"按钮或双击鼠标左键结束选择。

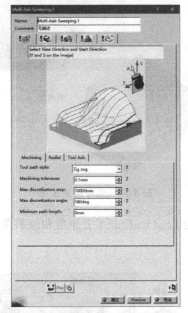

图 5-93　多轴投影精加工操作对话框

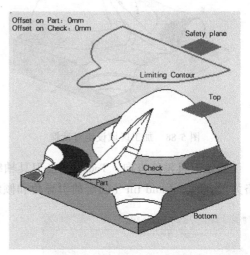

图 5-94　加工区域设定对话框

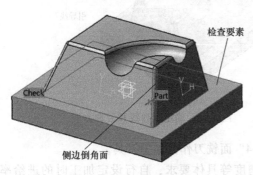

图 5-95　选择待加工面

图 5-96　加工参数设定对话框

③ 定义加工策略。单击策略设定 选项卡，在图 5-96 所示对话框中设定各项加工参数，具体如下：

确定 S 方向，即 Start Direction（加工开始方向），选择倒角面上边为 S 方向，如图 5-97 所示。

确定刀具轴线方向：Tool axis（刀具轴线）设置为 Lead and tilt（引导角和倾斜角），策略为 Fixed lead and tilt（固定的引导角和倾斜角）。

④ 定义刀具参数。选择"T3 End Mill D8 Rc4"面铣刀作为加工刀具。

⑤ 定义进给率及进退刀路径。可根据零件精度等具体要求，自行设定加工时的进给率

及进退刀路径，也可采用默认值。

⑥ 在 Multi-Axis Sweeping.1 多轴投影加工对话框中单击 ▶️ 按钮，进行刀具路径预览，结果如图 5-98 所示。

（9）零件加工结果　如图 5-99 所示。

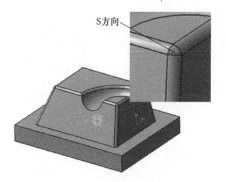

图 5-97　确定加工开始方向

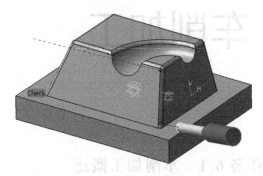

图 5-98　侧面倒角加工路径预览

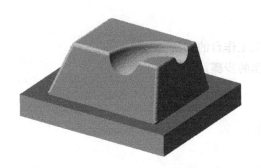

图 5-99　多轴曲面加工零件结果

项目 6

车削加工

任务 6.1　车削加工概述

学习目标

1. 掌握进入车削加工工作台的方法。
2. 掌握车削加工操作的步骤。

工作任务

会建立车削加工操作。

1. 车削加工工作台

启动车削加工工作台：开始→加工→Lathe Machining（车削加工），过程如图 6-1 所示。

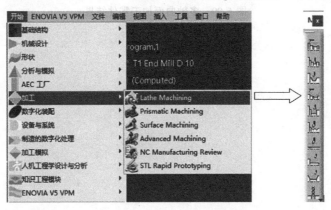

图 6-1　启动车削加工工作台

2. 车削加工的一般步骤

1）用 3D 线架或实体几何元素进行零件设计。

2）为加工方便建立元素（安全面、轴线、点等）。

3）建立零件操作（PO）。

4）建立加工操作并模拟加工过程。

5）生成辅助操作。

6）生成 APT 或 ISO G 代码文件。

3. 选择机床

选择机床对话框如图 6-2 所示。

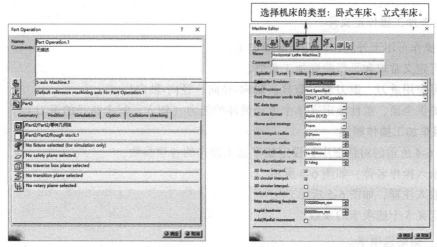

图 6-2 选择机床对话框

4. 建立车削加工坐标系

建立车削加工坐标系对话框如图 6-3 所示。

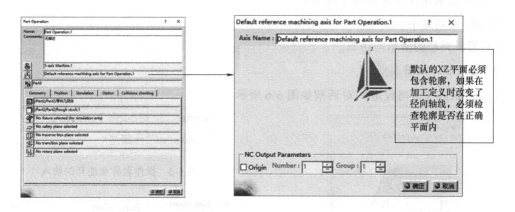

图 6-3 建立车削加工坐标系

任务 6.2 建立车削加工操作

学习目标

1. 掌握多种车削加工操作方法的含义与区别。

2. 掌握不同车削加工方法参数设定的方法。

工作任务

能够根据不同的加工零件选择合适的加工方法，设定合理的加工参数并完成仿真加工。

一、粗车加工操作

1. 粗车加工操作定义

粗车操作可用于外圆、内孔和端面加工。

1）可定义常规和平行轮廓加工策略。

2）可应用进刀、退刀宏（直接、轴向-径向、径向-轴向）。

3）提供全面、柔性地定义单个运动循环的能力（切入、每个路径的退刀）。

2. 粗车加工操作概述

在图 6-4 所示的对话框中，设定粗车加工操作的各项参数。

1）输入操作名称，如图 6-5 所示。

2）输入注释，如图 6-5 所示。

3）定义 5 个选项卡的参数。

：策略选项卡。

：被加工件选项卡。

：刀具选项卡。

：进给速度和主轴速度选项卡。

：宏选项卡。

4）刀具路径的演示与仿真。

3. 定义加工策略

1）Strategy（策略设定）对话框如图 6-6 所示。

图 6-4 粗车加工操作对话框

图 6-5 操作名称及注释的输入

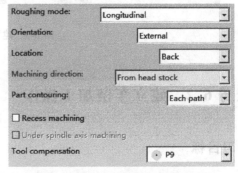

图 6-6 粗车加工策略设定对话框

① 根据 Roughing mode（粗加工方式）和 Orientation（方向）的不同设定，共有八种走刀方式，具体形式见表6-1。

表6-1 粗车加工走刀方式

Orientation（方位）	Roughing mode		
	Longitudinal（纵向加工）	Face（端面加工）	Parallel Contour（平行轮廓加工）
Internal（内孔）加工内轮廓			
External（外圆）加工外轮廓			
Frontal（端面）加工端面轮廓			

② Location（位置）：加工位置在零件的前端（Front）或后端（Back）。

③ Machining direction（加工方向）：Roughing mode（粗加工方式）为 Parallel Contour（平行于轮廓加工）时，可选择 From head stock（从卡盘端向外）和 To head stock（向内到卡盘端）两种加工方向。

④ Part contouring（零件轮廓）：指定加工零件轮廓的路径。

No：刀具不按零件的轮廓路径走刀。

Each path：每层切削时都按照零件的轮廓路径走刀。

Last path only：只在最后一层切削时按照零件的轮廓路径走刀。

⑤ Recess machining（凹槽加工）：Part contouring（零件轮廓）选择 Each path 和 Last path only 时可用，在完成零件的轮廓路径走刀后，进行凹槽加工。

⑥ Under spindle axis machining：Face（端面加工）和 Parallel Contour（平行于轮廓加工）方式下可用，可在主轴线下进行加工。

⑦ Tool compensation（刀具补偿）：选择刀具补偿代号。

2）Options（选项）参数设定对话框如图6-7所示。

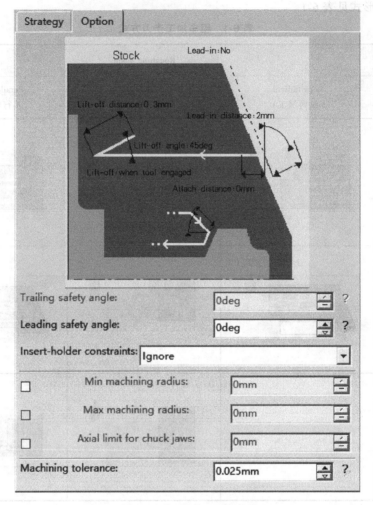

图6-7　Options（选项）参数设定对话框

① Lead-in（引入）：刀具以较小的进给速度垂直于工件进给。有 No（无）、Each path（每次走刀都有引入）和 Last path only（只有最后一次走刀有引入）三种方式。

② Lead-in distance（引入量）。

③ Attack distance（切入距离）。

④ Lead-off（切出）：有 No（无）、When tool engage（刀具发生碰撞）和 Each path（每次走刀都有切出）三种方式。

⑤ Lead-off distance（切出距离）。

⑥ Lead-off angle（切出的角度）。

⑦ Trailing safety angle（刀后安全角）：进刀时定义的安全角（避免刀面与工件的干涉）。

⑧ Leading safety angle（刀前安全角）：退刀时定义的安全角（避免刀面与工件的干涉）。

4. 定义被加工几何元素 🛠️

该选项卡是一个有感应区的对话框，利用对话框的感应图标可以选择的要素如图 6-8 所示。

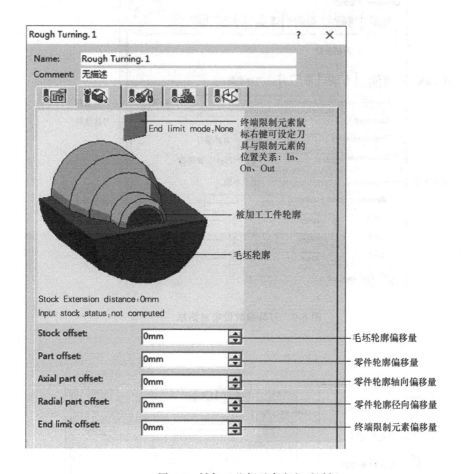

图 6-8　被加工几何元素定义对话框

5. 选择刀具 🛠️

单击选择刀具 🛠️ 选项卡，弹出如图 6-9 所示对话框，对刀具参数进行设置。

刀柄参数设定　在图 6-10 所示对话框中设定刀柄参数。

1）刀柄几何参数设定。单击 More>> 按钮，在弹出的图 6-11 所示对话框中设置刀柄几何参数。

2）技术参数设定对话框如图 6-12 所示。

3）刀具补偿参数设定对话框如图 6-13 所示。

4）刀片参数设定对话框如图 6-14 所示。

6. 确定切削参数 🛠️

单击切削参数 🛠️ 选项卡，弹出如图 6-15 所示对话框，对切削参数进行设置。

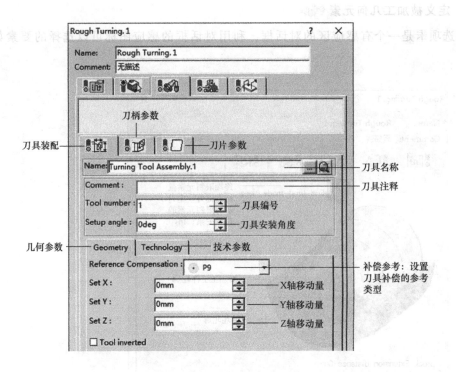

图 6-9　刀具参数设定对话框

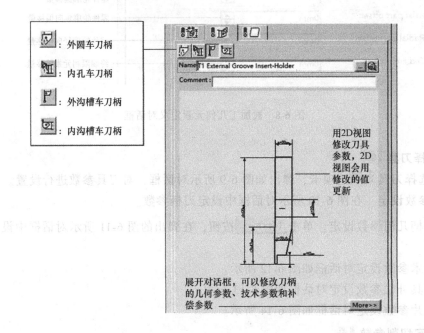

图 6-10　刀柄参数设定对话框

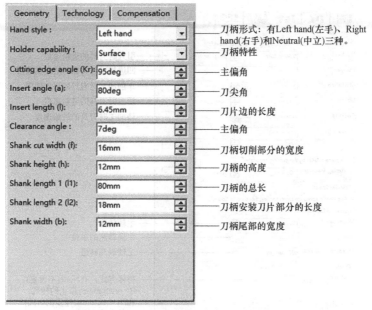

图 6-11 刀柄几何参数设定对话框

图 6-12 技术参数设定对话框

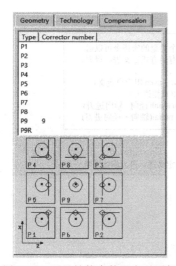

图 6-13 刀具补偿参数设定对话框

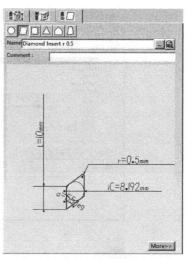

图 6-14 刀片参数设定对话框

135

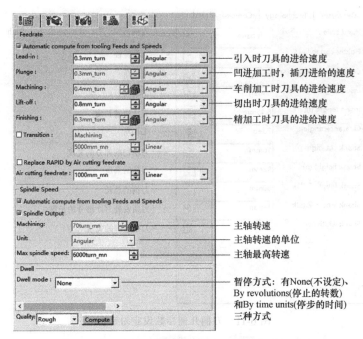

图 6-15　切削参数设定对话框

7. 定义进、退刀宏

单击定义进、退刀宏选项卡，弹出如图 6-16 所示对话框，对进、退刀的方式进行设置。

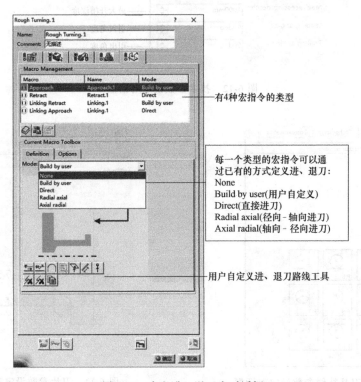

图 6-16　定义进、退刀宏对话框

二、切槽加工操作

1. 切槽加工操作定义 ⊞

切槽加工操作常用来加工深度大于宽度的环槽。

切槽就是进行连续的插刀切削。

1) 可以加工外圆槽、内孔槽、端面槽和斜槽。

2) 可以多种策略来控制插刀的操作。

3) 可用进刀宏和退刀宏。

4) 可以全面、柔性地定义工作循环中的每个运动。

2. 切槽加工操作概述

在图 6-17 所示对话框中，设定切槽加工操作的各项参数。

1) 输入操作名称，如图 6-18 所示。

2) 输入注释，如图 6-18 所示。

3) 定义 5 个选项卡的参数。

⊞ : 策略选项卡。

⊞ : 被加工件选项卡。

⊞ : 刀具选项卡。

⊞ : 进给速度和主轴速度选项卡。

⊞ : 宏选项卡。

4) 刀具路径的演示与仿真。

3. 定义加工策略 ⊞

Strategy（策略设定）对话框如图 6-19 所示。

1) Orientation（方位）：选择要加工沟槽的方位，有 Internal（内部）、External（外部）、Frontal（端面）和 Other（其他）4 个选项，如图 6-20 所示。

2) First plunge position（第一次插刀的位置）：

① Orientation（方位）的选项为 Internal（内部）和 External（外部）时，第一次插刀的位置有 | Right / Center / Left | 3 个选项。

② Orientation（方位）的选项为 Frontal（端面）时，第一次插刀的位置有 | Up / Center / Down / Automatic | 4 个选项。

③ Orientation（方位）的选项为 Other（其他）时，第一次插刀的位置有 | Left of groove / Center / Right of groove | 3 个选项。

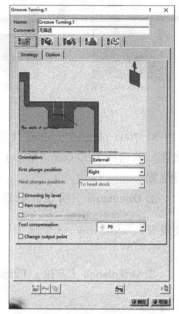

图 6-17 切槽加工操作对话框

Name: **Groove Turning.1**

Comment: 无描述

图 6-18 操作名称及注释的输入

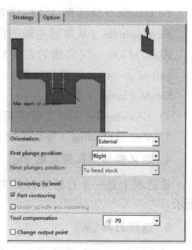

图 6-19 策略设定对话框

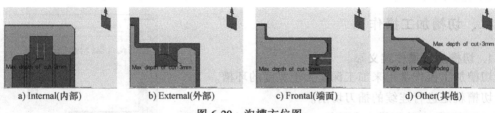

a) Internal(内部)　　b) External(外部)　　c) Frontal(端面)　　d) Other(其他)

图 6-20　沟槽方位图

3）Next plunges position（下一次插刀的位置）：当 First plunge position（第一次插头的位置）的选项为 Center（中心）时，针对不同的 Orientation（方位）选项，可选择不同的插刀位置。

① Orientation（方位）的选项为 Internal（内部）和 External（外部）时，下一次插刀的位置有 To head stock / From head stock / Single Plunge 3 个选项。

② Orientation（方位）的选项为 Frontal（端面）时，下一次插刀的位置有 To spindle / From spindle / Single Plunge 3 个选项。

③ Orientation（方位）的选项为 Other（其他）时，下一次插刀的位置有 Right of groove / Left of groove / Single Plunge 3 个选项。

插刀位置的含有义为：

To head stock（从远离卡盘的位置）。

From head stock（从靠近卡盘的位置）。

To spindle（从远离主轴的位置）。

From spindle（从靠近主轴的位置）。

Right of groove（沟槽的右侧）。

Left of groove（沟槽的左侧）。

Single Plunge（单一切入）。

4）Grooving by level（分层切削）。

5）Part contouring（零件轮廓）：要在沟槽加工完成时进行轮廓精加工，则选中该复选框。

4. 定义被加工几何元素 🖱

该选项卡是一个有感应区的对话框，利用对话框的感应图标可以选择的要素如图 6-21 所示。

5. 选择刀具 🖱

单击选择刀具 🖱 选项卡，弹出刀具设定对话框，对刀具参数进行设置。

沟槽加工可选用的刀柄类型如图 6-22 所示。

三、车槽口加工操作

1. 车槽口加工定义 🖱

车槽口加工操作通常是指切削宽度大于切削深度的环槽加工操作。

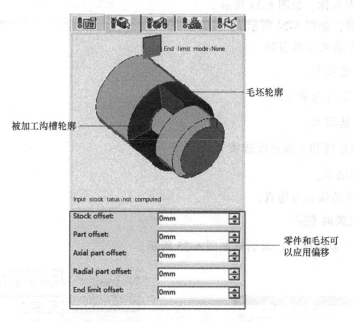

图 6-21 定义被加工几何元素对话框

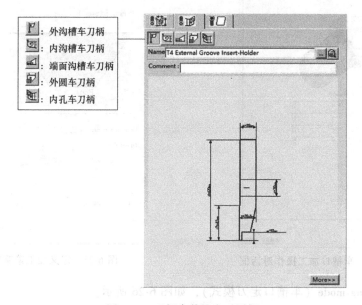

图 6-22 刀柄参数设定对话框

1）槽口可以在外圆、内孔、端面和斜面上。

2）走刀策略可以是 Zig zag（往复）、单向和平行于轮廓。

3）可以采用进刀宏和退刀宏。

4）可以全面、柔性地定义工作循环中的每个运动。

2．车槽口加工操作概述

在图 6-23 所示对话框中，设定车槽口加工操作的各项参数。

1）输入操作名称，如图 6-24 所示。

2）输入注释，如图 6-24 所示。

3）定义 5 个选项卡的参数。

▮🔲：策略选项卡。

▮🧰：被加工件选项卡。

▮🔩：刀具选项卡。

▮🚜：进给速度和主轴速度选项卡。

▮🔧：宏选项卡。

4）刀具路径的演示与仿真。

3. 定义加工策略 🔲

1）Strategy（策略设定）对话框如图 6-25 所示。

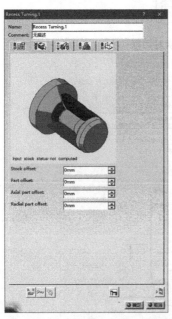

图 6-23　车槽口加工操作对话框

图 6-24　操作名称及注释的输入

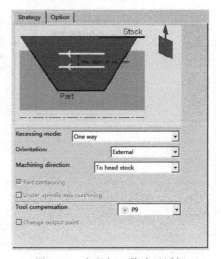

图 6-25　定义加工策略对话框

2）Recessing mode（车槽口走刀模式），如图 6-26 所示。

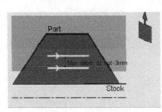

a）One way(单向)

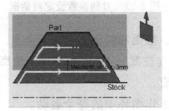

b）Zig zag(往复)

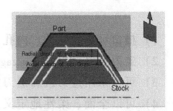

c）Parallel contour(平行于轮廓)

图 6-26　车槽口走刀模式

① Orientation（方位）：选择车槽口的方位，共有 Internal External Frontal Other 4 个选项。

② Machining direction（加工方向）：根据 Recessing mode（车槽口走刀模式）和 Orientation（方位）的选项不同，可有 To head stock From head stock 、 To spindle From spindle 、 Right of groove Left of groove 等多种选项。

4. 定义被加工几何元素

该选项卡是一个有感应区的对话框，利用对话框的感应图标可以选择的要素如图 6-27 所示。

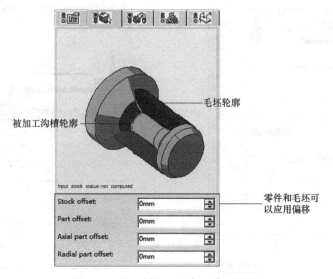

图 6-27   定义被加工几何元素对话框

四、轮廓精车操作

1. 轮廓精车操作定义

轮廓精车操作可用于外圆、内孔和端面的精加工。

1）可以设置各种策略，如开始/结束限制、转角处理选项（圆角、倒角）。

2）可以使用进刀宏和退刀宏。

2. 轮廓精车操作概述

在图 6-28 所示对话框中，设定轮廓精车操作的各项参数。

1）输入操作名称，如图 6-29 所示。

2）输入注释，如图 6-29 所示。

3）定义 5 个选项卡的参数。

：策略选项卡。

：被加工件选项卡。

：刀具选项卡。

：进给速度和主轴速度选项卡。

：宏选项卡。

4）刀具路径的演示与仿真。

3. 定义加工策略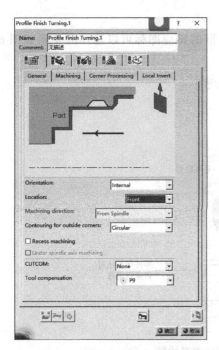

1）General（常规设定）对话框如图 6-30 所示。

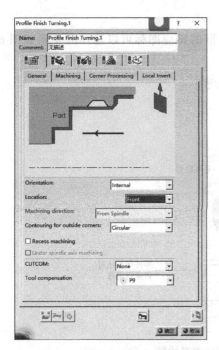

图 6-28 轮廓精车操作对话框

| Name: | Profile Finish Turning.1 |
| Comment: | 无描述 |

图 6-29 操作名称及注释输入

图 6-30 常规设定对话框

根据 Orientation（方位）和 Location（位置）的不同设定，共有六种走刀方法，具体形式见表 6-2。

表 6-2 轮廓精车加工走刀方式

Location（位置）	Orientation（方位）		
	Internal（内孔）加工内轮廓	External（外圆）加工外轮廓	Frontal（端面）加工端面轮廓
Front 向卡盘方向加工			
Back 远离卡盘方向加工			

① Machining direction（加工方向）：当 Orientation（方位）选择 Frontal（端面）选项时，有 To Spindle / From Spindle 两个选项。

② Contouring for outside corners（拐角过渡方式）：有 Circular（圆角过渡）和 Angular（尖角过渡）两种方式。

2）Machining（加工参数）设定，如图 6-31 所示。

① Lead-in type（刀具引入方式）：有 Linear（直线引入）和 Circular（圆弧引入）两种方式。

② Lead-off type（刀具切出方式）：有 Linear（直线切出）和 Circular（圆弧引出）两种方式。

③ Trailing safety angle（刀后安全角）：进刀时定义的安全角（避免刀面与工件的干涉）。

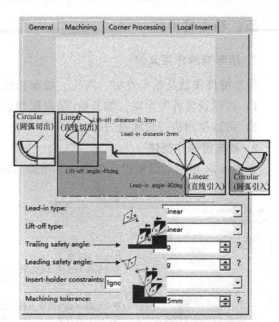

图 6-31 加工参数设定对话框

④ Leading safety angle（刀前安全角）：退刀时定义的安全角（避免刀面与工件的干涉）。

3）Corner Processing（拐角处理）：用于处理阶梯轴拐角轮廓方式，可在 Entry corner（切入阶梯轴）、Exit corner（切出阶梯轴）和 Other corner（其他拐角位置）下拉列表框中设置。

① None（不处理）：全部设置为不处理的情况，如图 6-32 所示。

② Chamfer（倒角）：全部设置为倒角的情况，如图 6-32 所示。

③ Rounded（圆角）：全部设置为倒圆角的情况，如图 6-32 所示。

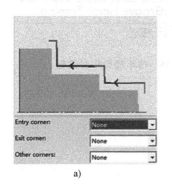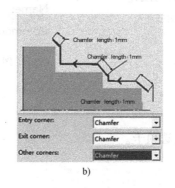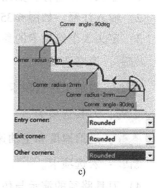

a)   b)   c)

图 6-32 拐角处理设置

4）Local Invert（局部反向加工）：对局部被加工元素进行反向加工。

4. 定义被加工几何元素

该选项卡是一个有感应区的对话框，利用对话框的感应图标可以选择的要素如图 6-33 所示。

五、精车槽操作

1. 精车槽操作定义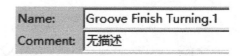

精车槽操作就是精车外圆、内孔、端面和锥面上的槽。

1）可以设置各种策略，如开始/结束限制、转角处理选项（圆角、倒角）。

2）可以使用进刀宏和退刀宏。

2. 精车槽操作概述

在图 6-34 所示对话框中，设定精车槽操作的各项参数。

图 6-33 定义被加工几何元素对话框

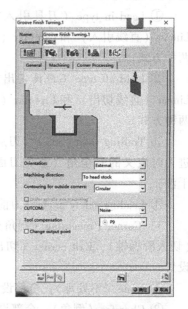

图 6-34 精车槽操作对话框

1）输入操作名称，如图 6-35 所示。

2）输入注释，如图 6-35 所示。

3）定义 5 个选项卡的参数。

　：策略选项卡。

　：被加工件选项卡。

　：刀具选项卡。

　：进给速度和主轴速度选项卡。

　：宏选项卡。

4）刀具路径的演示与仿真。

3. 定义加工策略

1）General（常规设定）对话框如图 6-30 所示。

单击加工策略 选项卡，弹出如图 6-36 所示对话框，对各项策略参数进行设置。

① Orientation（方位）：选择要加工沟槽的方位，有 Internal（内部）、External（外部）、Frontal（端面）和 Other（其他）4 个选项，如图 6-37 所示。

图 6-35 精车槽操作对话框

② Machining direction（加工方向）：

a. Orientation（方位）的选项为 Internal（内部）和 External（外部）时，Machining direction（加工方向）有 To head stock / From head stock 两个选项。

b. Orientation（方位）的选项为 Frontal（端面）时，Machining direction（加工方向）有 To spindle / From spindle 两个选项；

c. Orientation（方位）的选项为 Other 其他时，Machining direction（加工方向）有 Right of groove / Left of groove 两个选项。

2）Machining（加工参数）设定，如图 6-38 所示。

4. 定义被加工几何元素

该选项卡是一个有感应区的对话框，利用对话框的感应图标可以选择的要素如图 6-39 所示。

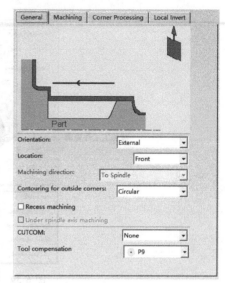

图 6-36　常规设定对话框

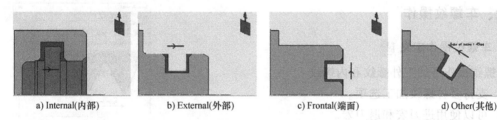

a) Internal(内部)　　b) External(外部)　　c) Frontal(端面)　　d) Other(其他)

图 6-37　沟槽方位图

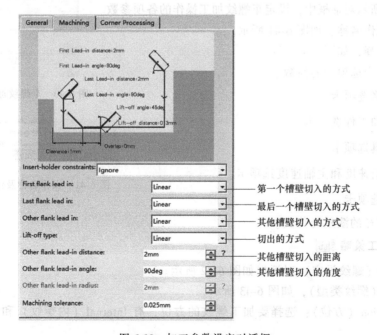

图 6-38　加工参数设定对话框

结束限制元素
单击鼠标右键可设定刀具与限制
元素的位置关系：In、On、Out

开始限制元素
单击鼠标右键可设定刀具与限制
元素的位置关系：In、On、Out

被加工工件轮廓

零件和毛坯可
以应用偏移

图 6-39 定义被加工几何元素对话框

六、车螺纹操作

1. 车螺纹操作定义

车螺纹操作可加工外螺纹和内螺纹。

1）支持多种螺纹加工选项。

2）可以使用进刀宏和退刀宏。

2. 车螺纹操作概述

在图 6-40 所示对话框中，设定车螺纹加工操作的各项参数。

1）输入操作名称，如图 6-41 所示。

2）输入注释，如图 6-41 所示。

3）定义 5 个选项卡的参数。

：策略选项卡。

：被加工件选项卡。

：刀具选项卡。

：进给速度和主轴速度选项卡。

：宏选项卡。

4）刀具路径的演示与仿真。

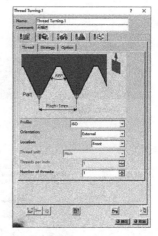

图 6-40 车螺纹加工操作对话框

图 6-41 操作名称及注释的输入

3. 定义加工策略

1）Thread（螺纹设定）对话框如图 6-42 所示。

① Profile（螺纹类型），如图 6-43 所示。

② Orientation（方位）：选择要加工螺纹的方位，有 Internal（内螺纹）和 External（外螺纹）两种。

③ Location（加工方向位置）：有 Front（向卡盘方向加工）和 Back（远离卡盘方向加

工）两种。

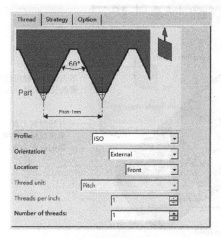

图 6-42　螺纹设定对话框

④ Thread unit（螺纹单位）：有 Pitch（螺距）和 Threads per inch（每英寸牙数）两种单位。

2）Strategy（策略参数）设定，如图 6-44 所示。

4. 定义被加工几何元素

该选项卡是一个有感应区的对话框，利用对话框的感应图标可以选择的要素如图 6-45 所示。

  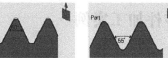 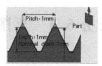

a) ISO：国际标准螺纹　b)Trapezoidal：梯形螺纹　c) UNC：英制螺纹　d) Gas：管螺纹　e) Other：其他螺纹

图 6-43　螺纹类型图

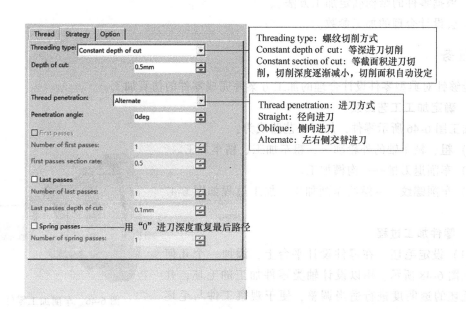

图 6-44　策略参数设定对话框

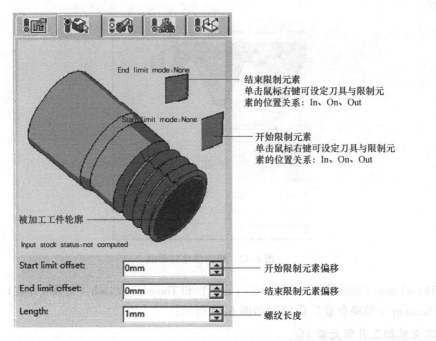

End limit mode:None

结束限制元素
单击鼠标右键可设定刀具与限制元素的位置关系：In、On、Out

Start limit mode:None

开始限制元素
单击鼠标右键可设定刀具与限制元素的位置关系：In、On、Out

被加工工件轮廓

Input stock status:not computed

Start limit offset:　0mm —— 开始限制元素偏移

End limit offset:　0mm —— 结束限制元素偏移

Length:　1mm —— 螺纹长度

图 6-45　定义被加工元素对话框

任务 6.3　车削零件加工实例

学习目标

1. 根据零件的结构确定加工方法。
2. 会设计合理的加工参数。

工作任务

能够针对典型零件设计合理的加工方案并完成零件的仿真加工。

1. 确定加工工艺路线

加工图 6-46 所示零件，加工工艺路线为：

1）粗、精车轴的外轮廓——粗车加工、精车加工。

2）车削退刀槽——沟槽加工。

3）车削螺纹——螺纹车削加工，加工过程如图 6-47 所示。

2. 零件加工过程

（1）设定毛坯　在零件设计平台上，添加一个几何体，如图 6-48 所示，用以设计轴类零件加工的毛坯，并将该毛坯的透明度进行适当调整，便于观察工件与毛坯的关系，结果如图 6-49 所示。

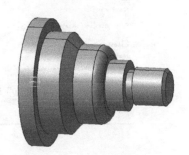

图 6-46　车削加工零件

外轮廓粗、精加工　　车削退刀槽　　车削螺纹

图 6-47　零件加工过程

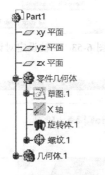

图 6-48　在特征树上添加几何体

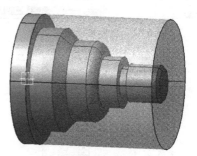

图 6-49　设计零件毛坯

（2）零件操作定义

1）在图 6-50 所示的零件操作特征树上双击"Part Operation. 1"节点，弹出如图 6-51 所示零件操作设定对话框。

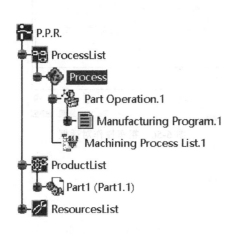

图 6-50　零件操作特征树

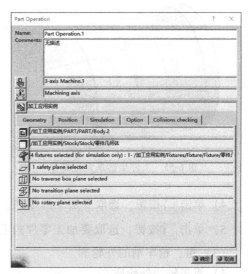

图 6-51　零件操作设定对话框

2）单击 按钮，选定加工时所用的卧式车床 。

3）单击 按钮，进入设定零件加工坐标系对话框，如图 6-52 所示。单击坐标原点感应区，选择工件右端面中心为原点，单击 Z 轴，进入 Z 轴方向设定对话框，按图 6-53 所示进行设定；同样单击 X 轴，进入 X 轴方向设定对话框，按图 6-54 所示进行设定，坐标设定结果如图 6-55 所示。

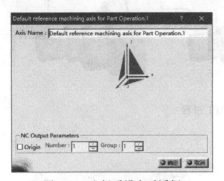

图 6-52　坐标系设定对话框

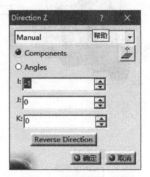

图 6-53　Z 轴设定对话框

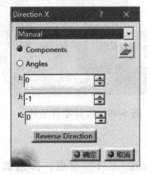

图 6-54　X 轴设定对话框

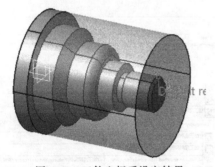

图 6-55　工件坐标系设定结果

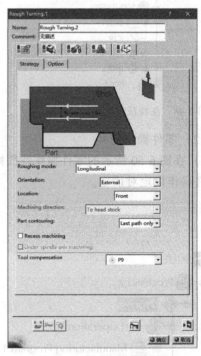

图 6-56　粗车操作对话框

4）单击 □ 按钮，选取要加工的零件。

5）单击 □ 按钮，选取要加工零件的毛坯。

（3）粗、精车轴的外轮廓

1）粗车轴的外轮廓。

① 在 "Machining Operations" 工具栏中单击 图标，建立一个粗车加工操作，弹出如图 6-56 所示粗车操作设定对话框。

② 定义加工区域。单击被加工件设定 选项卡，弹出如图 6-57 所示加工区域设定对

话框。单击加工零件感应区位置，在零件上选择轮廓线，单击毛坯轮廓感应区位置，在零件上选择毛坯的轮廓线，Part offset（零件加工余量）设为 1mm，设定结果如图 6-58 所示。

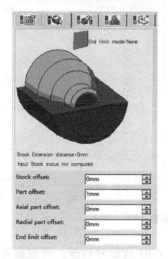

图 6-57 加工区域设定对话框

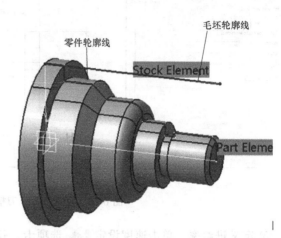

图 6-58 待加工零件

③ 定义加工策略。单击策略设定 [图标] 选项卡，按图 6-59 所示设定 Strategy（策略）和 Option（选项）加工参数。

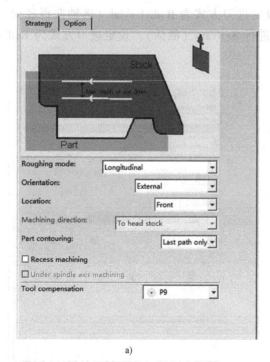

a)

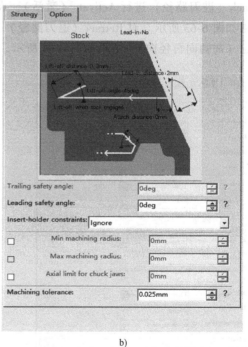

b)

图 6-59 设定加工策略参数

④ 定义刀具参数。单击刀具设定 [图标] 选项卡，按图 6-60 所示设定刀具、刀柄和刀片的参数。

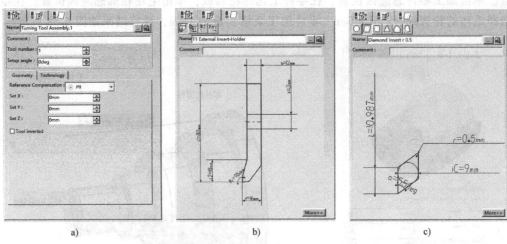

a)   b)   c)

图 6-60　设定刀具、刀柄、刀片参数

⑤ 定义进给率。单击速度设定 选项卡，弹出如图 6-61 所示对话框。可根据零件精度等具体要求，自行设定加工时的进给率，如进刀速度、加工速度、退刀速度等；也可设定主轴转速等参数。

⑥ 定义进、退刀路径。单击宏设定 选项卡，弹出如图 6-62 所示对话框。对 Approach（进刀路径）进行 Activate（激活），设定进刀方式为 Radial axial（选轴向再径向），结果如图 6-63 所示。对 Retract（退刀路径）进行 Activate（激活），设定进刀方式为 Radial axial（选轴向再径向），结果如图 6-64 所示。

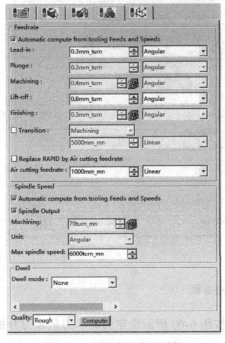

图 6-61　进给率设定对话框

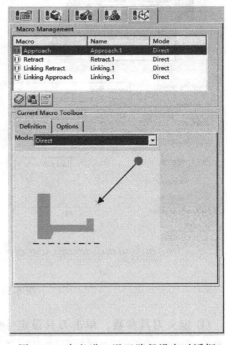

图 6-62　定义进、退刀路径设定对话框

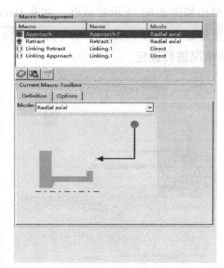

图 6-63　进刀路径设定

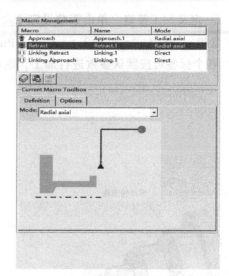

图 6-64　退刀路径设定

⑦ 在 Rough Turning.1（粗车加工）对话框（图 6-56）中单击![按钮]按钮，进行刀具路径预览，结果如图 6-65 所示。

2）精车轴的外轮廓。

① 在"Machining Operations"工具栏中单击![图标]图标，建立一个精车加工操作，弹出如图 6-66 所示的精车操作设定对话框。

② 定义加工区域。单击被加工件设定![选项卡]选项卡，弹出如图 6-67 所示加工区域设定对话框，单击零件轮廓感应区位置，在零件上选择轮廓线，设定结果如图 6-68 所示。

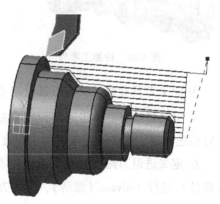

图 6-65　粗车外轮廓加工路径预览

图 6-66　精车操作对话框

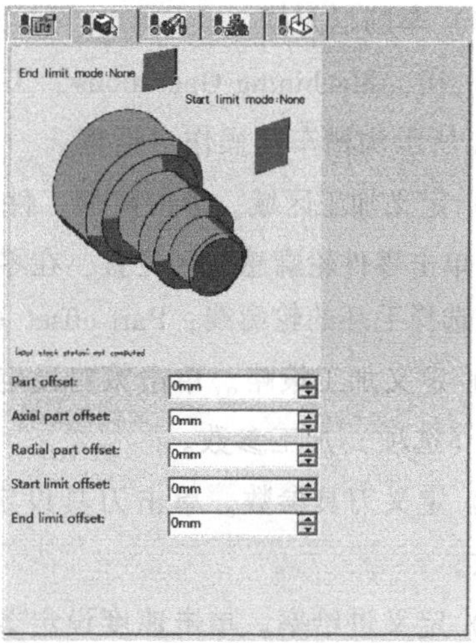

图 6-67　加工区域设定对话框

③ 定义加工策略。单击策略设定 选项卡，弹出如图 6-69 所示对话框，共有 General（常规）、Machining（加工）、Corner Processing（拐角处理）和 Local Invert（局部反向加工）四个标签可按默认参数进行加工，也可根据实际情况进行设定。

图 6-68　待加工零件

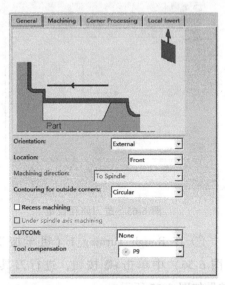

图 6-69　加工策略参数设定对话框

④ 定义刀具参数。单击刀具设定 选项卡，选择与粗加工相同的刀具。

⑤ 定义进给率。单击速度设定 选项卡，可根据零件精度等具体要求，自行设定加工时的进给率，如进刀速度、加工速度、退刀速度等；也可设定主轴转速等参数。

⑥ 定义进退刀路径。单击宏设定 选项卡，对 Approach（进刀路径）和 Retract（退刀路径）进行 Activate（激活），设定方式为 Radial axial（选轴向再径向）。

⑦ 在 Profile Finish Turning. 1（轮廓精车加工）对话框（图 6-66）中单击 按钮，进行刀具路径预览，结果如图 6-70 所示。

（4）车削退刀槽

1）在"Machining Operations"工具栏中单击 图标，建立一个沟槽加工操作，弹出如图 6-71 所示沟槽车削操作对话框。

2）定义加工区域。单击被加工件设定 选项卡，弹出如图 6-72 所示加工区域设定对话框，单击零件轮廓感应区位置，在零件上选择退刀槽轮廓线，单击毛坯轮廓感应区位置，在零件上选择毛坯的轮廓线，Part offset（零件加工余量）设为 0mm，设定结果如图 6-73 所示。

3）定义加工策略。单击策略设定 选项卡，按图 6-74 所示设定 Strategy（策略）和 Option（选项）加工参数。

4）定义刀具参数。单击刀具设定 选项卡，按图 6-75 所示设定刀具、刀柄和刀片的参数。

5）定义进给率。单击速度设定 选项卡，可根据零件精度等具体要求，自行设定加工时的进给率，如进刀速度、加工速度、退刀速度等；也可设定主轴转速等参数。

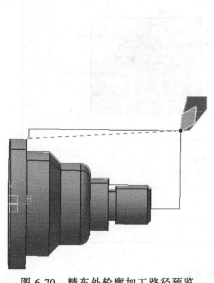

图 6-70 精车外轮廓加工路径预览

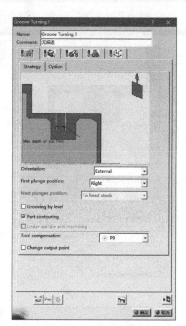

图 6-71 沟槽车削操作对话框

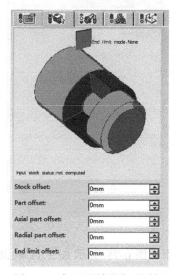

图 6-72 加工区域设定对话框

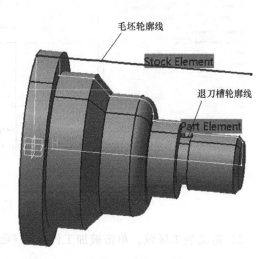

图 6-73 待加工零件

6）定义进、退刀路径。单击宏设定 选项卡，对 Approach（进刀路径）和 Retract（退刀路径）进行 Activate（激活），设定方式为 Radial axial（选轴向再径向）。

7）在 Groove.1（沟槽车削加工）对话框中单击 按钮，进行刀具路径预览，结果如图 6-76 所示。

（5）车削外螺纹

1）在"Machining Operations"工具栏中单击 图标，建立一个螺纹车削加工操作，弹出如图 6-77 所示螺纹车削操作对话框。

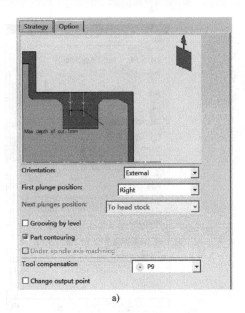

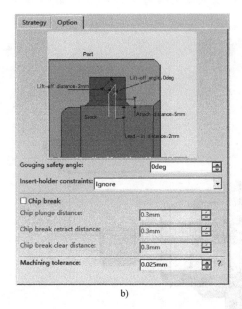

a)   b)

图 6-74　设定加工策略参数

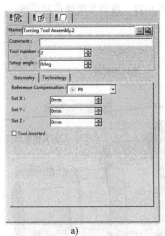

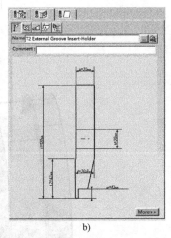

a)   b)   c)

图 6-75　设定刀具参数

2）定义加工区域。单击被加工件设定 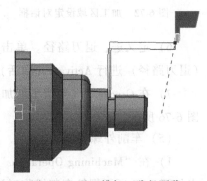 选项卡，弹出如图 6-78 所示加工区域设定界面。单击零件轮廓感应区位置，在零件上选择螺纹加工部位轮廓线，单击 Start limit mode（起始位置限制模式）确定螺纹加工起始位置，右击设定限制模式为 "On"，单击 End limit mode（结束位置限制模式）确定螺纹加工结束位置，右击设定限制模式为 "On"，设定结果如图 6-79 所示。

3）定义加工策略。单击策略设定 选项卡，按图 6-80 所示设定 Thread（螺纹）、Strategy（策略）和 Option（选项）加工参数，也可根据实际加工情况自行设定。

图 6-76　退刀槽加工路径预览

4）定义刀具参数。单击刀具设定 选项卡，按图 6-81 所示设定刀具、刀柄和刀片的参数。

5）定义进给率。单击速度设定 选项卡，可根据零件精度等具体要求，自行设定加工时的进给率，如进刀速度、加工速度、退刀速度等；也可设定主轴转速等参数。

6）定义进退刀路径。单击宏设定 选项卡，对 Approach（进刀路径）和 Retract（退刀路径）进行 Activate（激活），设定方式为 Radial axial（选轴向再径向）。

7）在 Thread Turning.1（螺纹车削加工）对话框中单击 按钮，进行刀具路径预览，结果如图 6-82 所示。

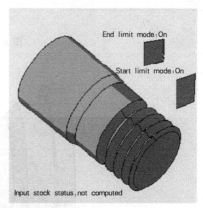

图 6-78 加工区域设定对话框

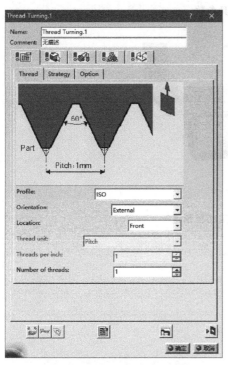

图 6-77 螺纹车削操作对话框

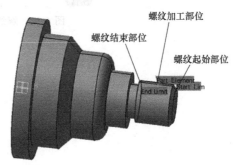

图 6-79 加工区域设定

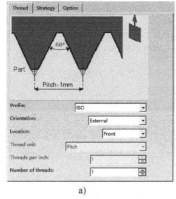

a)

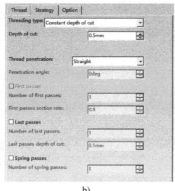

b)

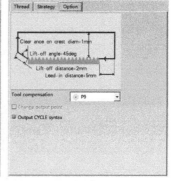

c)

图 6-80 设定加工策略参数

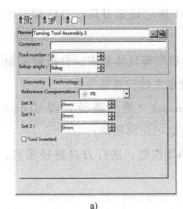
a)

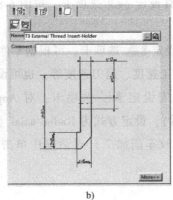
b)

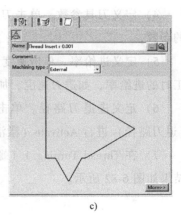
c)

图 6-81　设定刀具参数

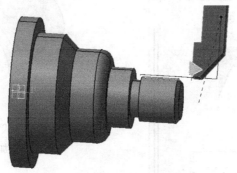

图 6-82　螺纹车削加工路径预览

→ 项目 **7** ←

CATIA数控加工管理

任务7.1 刀具的管理

学习目标

1. 掌握刀具参数的含义及设定方法。
2. 掌握建立刀具和选择刀具的方法。

工作任务

能根据加工情况建立或选择合适的刀具。

1. 刀具的参数

刀具参数的设定对话框如图 7-1 所示。

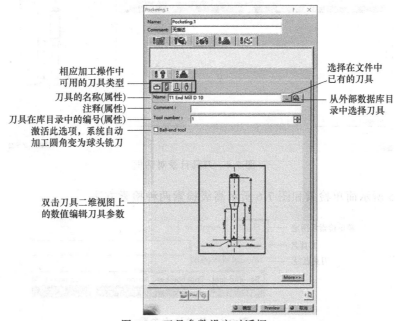

图 7-1　刀具参数设定对话框

2. 从刀具库目录中选择刀具

在图 7-2 所示零件操作特征树上的刀具节点上双击，弹出如图 7-3 所示的换刀设置对话框。

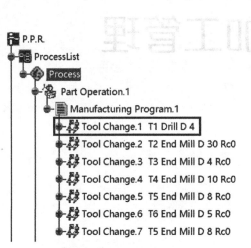

图 7-2　零件操作特征树

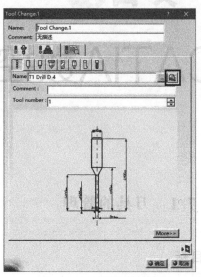

图 7-3　换刀设置对话框

单击刀具库目录 按钮，弹出图 7-4 所示的刀具目录对话框。

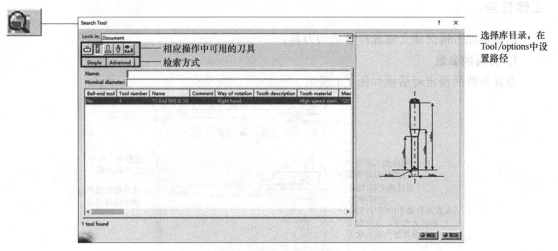

图 7-4　刀具目录对话框

有图 7-5 所示简单检索和图 7-6 所示高级检索两种检索方法。

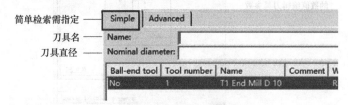

图 7-5　简单检索参数

高级检索：按设置的检索准则属性 — 条件—值，
完全符合准则的刀具在列表中显示

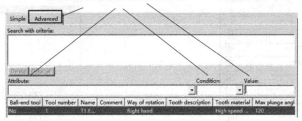

图 7-6 高级检索参数

3. 建立新刀具

在图 7-4 所示对话框中建立一把新刀具，刀具
参数设定对话框如图 7-7 所示。

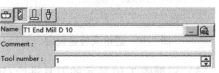

1）选择要建立的刀具类型。

2）输入刀具名。

图 7-7 刀具参数设定对话框

3）输入必要的注释内容。

4）单击"More"按钮，设定刀具参数。

① "Geometry" 刀具几何参数设定，对话框如图 7-8 所示。包括设置刀具直径、圆角半径、刀具总长度、切削刃长、刀具长度、刀柄直径及刀具非切削刃部位直径等参数。

② "Technology" 刀具工艺参数设定，对话框如图 7-9 所示。包括设置切削刃数量、刀具旋向、加工质量、刀具结构、切削刃材料、切削刃描述信息、切削刃材料描述信息、刀具轴向倾斜角度、刀具径向倾斜角度、最大插入工件切削角度、最大切削长度、最长使用时间、切削液及刀具重量等参数。

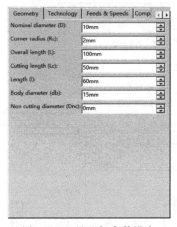

图 7-8 刀具几何参数设定

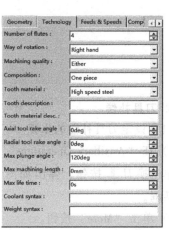

图 7-9 刀具工艺参数设定

③ "Feed&Speed" 进给及转速设定，对话框如图 7-10 所示。包括设置精加工切削速度、精加工主轴转速、精加工每齿进给量、精加工进给量、精加工轴向背吃刀量、精加工径向背吃刀量、粗加工切削速度、粗加工主轴转速、粗加工每齿进给量、粗加工进给量、粗加工轴向背吃刀量、粗加工径向背吃刀量及最大加工速度等参数。

④ "Compensation" 刀具补偿设定，对话框如图 7-11 所示，可以进行刀具补偿基准点设定。

图 7-10 进给及转速设定

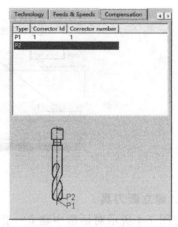

图 7-11 刀具补偿设定

5）根据图 7-10 所示的刀具进给/转速更新加工进给率，如图 7-12 所示。

单击"Computer"按钮更新加工进给率，可以根据所设定参数改变刀具进给量和转速。

图 7-12 更新加工进给率

4. 刀具补偿

（1）设定刀具补偿的步骤

1）在"Auxiliary Operations"工具栏中，单击换刀 按钮，弹出如图 7-13 所示对话框。

2）单击"More"按钮。

3）单击"Compensation"标签。

4）右键单击刀补标签（图 7-13 中框出的位置）进行编辑。

5）修改刀补参数，如图 7-14 所示。

（2）刀具的补偿位置 如图 7-15 所示。

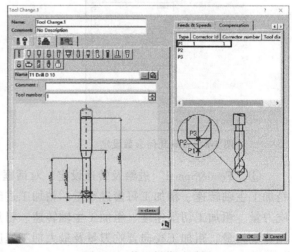

图 7-13 换刀操作对话框

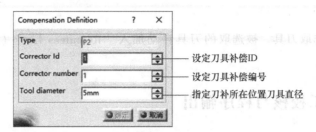

设定刀具补偿ID

设定刀具补偿编号

指定刀补所在位置刀具直径

图 7-14 修改刀补参数

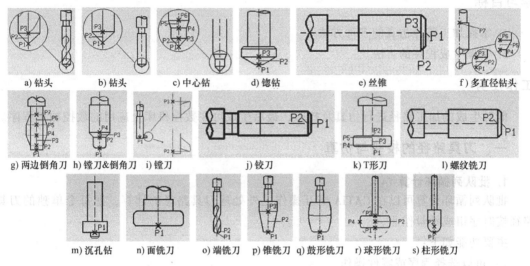

a) 钻头 b) 钻头 c) 中心钻 d) 锪钻 e) 丝锥 f) 多直径钻头

g) 两边倒角刀 h) 镗刀&倒角刀 i) 镗刀 j) 铰刀 k) T形刀 l) 螺纹铣刀

m) 沉孔钻 n) 面铣刀 o) 端铣刀 p) 锥铣刀 q) 鼓形铣刀 r) 球形铣刀 s) 柱形铣刀

图 7-15 刀具补偿位置

5. 导入刀具

导入刀具的步骤如下：

1) 在"Auxiliary Commands"工具栏中，单击导入刀具■按钮，显示图7-16所示的查

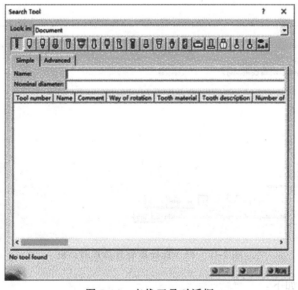

图 7-16 查找刀具对话框

找刀具对话框。

2）从列表中选取刀具。被选取的刀具自动加入"Resources List"（资源列表）中，并可在文档中查找。

任务7.2 加工校核与程序输出

学习目标

1. 掌握加工路径仿真的多种方法。
2. 掌握生成程序的方法。

工作任务

能对生成的加工路径进行仿真及校验，最后生成可在数控机床上应用的数控加工程序。

一、刀具路径的校验与仿真

1. 批队列循环计算

批队列循环计算可以在 CATIA 交互操作之外处理刀具路径的计算，把每个单独的刀具路径按时序组成批量作业。

主要功能如下：

1）可以选择程序或零件操作。
2）即时或延时执行计算。
3）管理和编辑要执行计算的列表。
4）监视执行过程。

在"NC Output Management"工具栏单击 图标后，程序批处理管理操作对话框如图 7-17 所示。

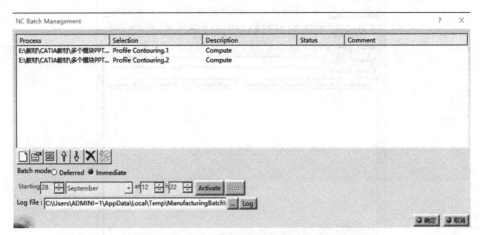

图 7-17　程序批处理管理操作对话框

各操作按钮功能如下：

1）□：建立新作业。

2）☐：修改选择的作业。

3）☐：删除作业。

4）⇧|⇩：在列表中向上或下移动作业。

5）✕：删除全部作业。

6）☐：同步计算刀具路径。

批量处理模式如图 7-18 所示。

图 7-18　批量处理模式

1）● Deferred 延时模式——在指定的时间开始计算。

2）○ Immediate 即时——选择后立即计算。

3）Activate——延时计算刀具路径。

在生成 NC 代码前要保存修改的程序，最好事先用演示或仿真验证程序中的每个操作，这样可以避免出现操作没有更新或没有定义的情况。

2. 演示刀具路径

（1）刀具路径演示方法　刀具路径可以演示一个制造加工程序、一个或几个加工操作。刀具路径演示功能使用方法如下：

1）在 P. P. R. 树上选择加工程序或操作，单击▶️图标演示。

2）在 P. P. R. 树上选择加工程序或操作，鼠标右击选择"××对象"，在弹出下拉菜单栏中单击"Replay Tool Path"（刀具演示路径），如图 7-19 所示。

3）在 P. P. R. 树上选择加工程序或操作，在工具栏"编辑"下拉菜单中选择"××对象"，在弹出下拉菜单栏中单击"Replay Tool Path"，如图 7-20 所示。

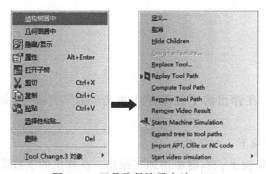

图 7-19　刀具路径演示方法（1）

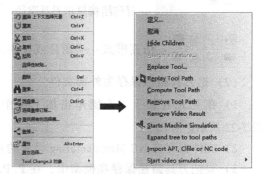

图 7-20　刀具路径演示方法（2）

进入图 7-21 所示刀具路径演示对话框。

各按钮的功能如下：

1) 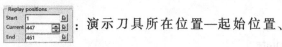：后退至开始。

2) ◄：后退。

3) ‖：暂停演示。

4) ▶：前进。

5) ▶▶：前进至结束。

6) ▬▬▬▬▬▬▬：连续演示时控制演示速度。

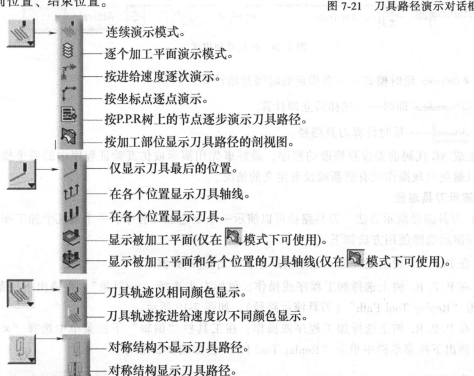

图 7-21 刀具路径演示对话框

Start 1
Current 447
End 461
：演示刀具所在位置—起始位置、当前位置、结束位置。

连续演示模式。

逐个加工平面演示模式。

按进给速度逐次演示。

按坐标点逐点演示。

按P.P.R树上的节点逐步演示刀具路径。

按加工部位显示刀具路径的剖视图。

仅显示刀具最后的位置。

在各个位置显示刀具轴线。

在各个位置显示刀具。

显示被加工平面(仅在🡐模式下可使用)。

显示被加工平面和各个位置的刀具轴线(仅在🡐模式下可使用)。

刀具轨迹以相同颜色显示。

刀具轨迹按进给速度以不同颜色显示。

对称结构不显示刀具路径。

对称结构显示刀具路径。

：仿真模式——图片或视频。

（2）把刀具路径保存为外部文件

1）在 P.P.R 树上，右键单击加工操作，在弹出的下拉菜单中单击 Pack Tool Path ，如图 7-22 所示。

2）文件保存在 NC Manufacturing 设置的目录下，如图 7-23 所示。

3）要把刀具路径保存在模型中，在 P.P.R 树上，右键单击加工操作，在弹出的下拉菜单中单击 Unpack Tool Path ，如图 7-24 所示。

3. 图片模式仿真切削加工

用图片模式 📷 就是用像素运算的方法快速显示加工操作后的结果。

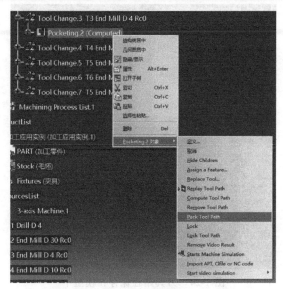

图 7-22　刀具路径保存为外部文件

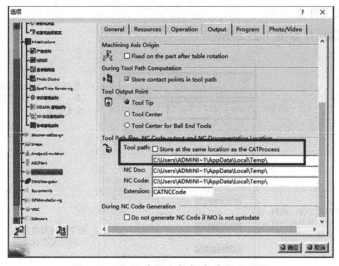

图 7-23　刀具路径文件保存路径的设置

　　使用图片模式 功能后，在新的 CATIA 窗口显示仿真后的图片，利用这个仿真结果可以分析残料、过切和刀具的干涉。

　　利用 功能，可以分析并比较仿真图片与设计零件的差异，分析结果界面如图 7-25所示。

　　该功能可以检查的缺陷有：

　　1）残料□ Remaining Material：在工件上刀具没有切除的残余部分。

　　2）过切□ Gouge：从工件上过度切除材料的部位。

　　3）刀具干涉□ Tool Clash：快速移动时刀具与工件产生碰撞。

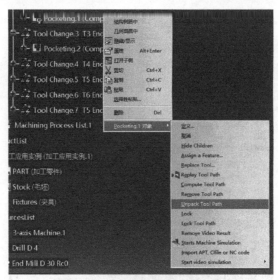

图 7-24　刀具路径保存在模型中

以上这些问题与用户定义的加工误差有关，按工件缺陷的严重程度以及定义的颜色，比较的结果会反映在工件上。

功能的具体操作如图 7-25 所示。

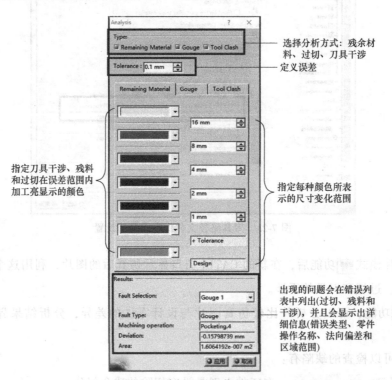

图 7-25　分析工具操作对话框

4. 视频模式仿真切削加工

视频模式就是仿真切削的过程在程序中用动画的形式演式刀具路径和机床的运动，

目的是保证在后置处理时输出正确的 NC 程序。

视频动画在新的 CATIA 窗口中显示，单击保存 按钮，可以保存仿真结果。

视频模式 的三种形式：

——— 仿真加工的过程从之前保存的结果开始演示。

——— 视频演示零件加工的全部过程。

——— 图片/视频混合仿真：先以图片形式仿真所
选定的操作之前的结果，然后进行选定操作
的视频仿真。

——— 关联加工操作的视频仿真：视频仿真结果保存在操作中，切削
加工仿真从前一个保存的仿真结果开始。

——— 保存为CGR文件：保存为.CGR的文件，可以作为零件操作或曲
面粗加工操作的毛坯使用。

二、生成加工程序输出

1. 批量生成 NC 原代码

1）生成 NC 代码前保存 CATProcess。

2）在 P.P.R 树上选择要计算的制造加工程序 Manufacturing Program.1 。

3）单击 批量生成 NC 代码，弹出对话框如图 7-26 所示。

图 7-26　批量生成 NC 代码工作台对话框

单击 NC Code 标签，在弹出选项卡的 IMS Post-processor file 下拉菜单中选择后处理系统，如图 7-27 所示。

4）单击 Execute 按钮，执行运算操作。

2. 交互式生成 NC 原代码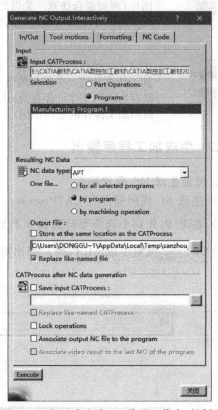

1）在 P. P. R 树上选择要计算的制造加工程序 Manufacturing Program.1

2）单击 交互式生成 NC 代码按钮，弹出对话框如图 7-28 所示。

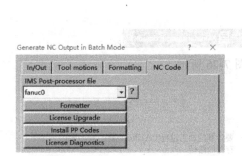

图 7-27　选择后处理系统对话框　　　　图 7-28　交互式生成 NC 代码工作台对话框

单击 NC Code 标签，在弹出选项卡的 IMS Post-processor file 下拉菜单中选择后处理系统。

3）单击 Execute 按钮，执行运算操作。

注意：在交互模式下，生成 NC 代码前不需要保存过程文件；在计算生成 NC 代码期间，CATIA V5 进程会暂时挂起。

任务 7.3　辅助操作

学习目标

1. 了解辅助操作的含义。

2. 掌握建立换刀、机床旋转、改变坐标系和复制变换等辅助操作的方法。

工作任务

能根据加工要求熟练使用各种辅助加工操作。

1. 辅助操作定义

（1）"Auxiliary Operation"辅助操作工具栏 如图7-29所示。

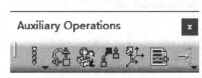

图7-29 辅助操作工具栏

辅助操作是一种控制功能，如换刀、机床的工作台转动/摆头或个别的PP指令，这些操作需要特定的后置处理器编译。

辅助操作说明，如图7-30所示。

1）辅助操作就是把预定义的语法保存在后置处理表中（PP表）。

2）PP表由零件操作的机床引用。

3）PP表中的全部语法由用户定义。

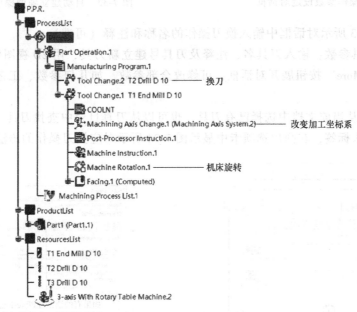

图7-30 辅助操作功能

（2）建立一个辅助操作

1）单击辅助操作工具按钮。

2）在当前操作后建立一个新操作，显示操作对话框，编辑参数，如图7-31所示。

3）单击"确定"按钮建立操作。

（3）自动建立辅助操作 如图7-32所示。

1）在P.P.R树上，右击制造加工程序。

2）选择要建立的辅助操作。

2. 换刀操作

1）在辅助操作工具栏中选择要建立的刀具类型 。

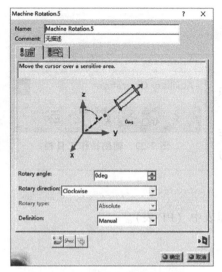

图 7-31　新操作参数设定对话框

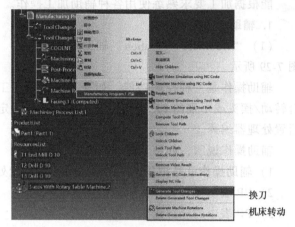

图 7-32　自动建立辅助操作

2）在图 7-33 所示对话框中输入换刀操作的名称和注释（可选）。

3）定义刀具参数：输入刀具名、注释及刀具号建立新刀具，用 2D 视图修改刀具参数。

4）单击 "More" 按钮展开对话框，可修改全部参数，如几何参数、工艺参数和切削用量参数等。

注意：可以从当前文档中选择已有刀具，也可以从刀具目录中查找刀具。

5）单击语法标签，在弹出选项卡中显示图 7-34 所示对应换刀操作的语法。

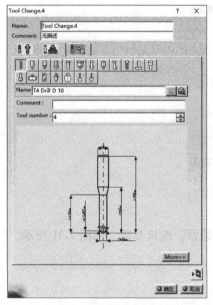

图 7-33　换刀操作对话框

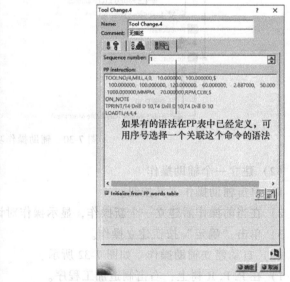

图 7-34　换刀语法设定

注意：可以从 PP 表初始化，即从 PP 语句表中读取关联于机床的预定义语法，并且语法参数随换刀参数更新。也可以输入不与 PP 表链接的自定义语法。

3. 机床旋转操作

1) 在辅助操作工具栏中单击机床旋转操作功能按钮 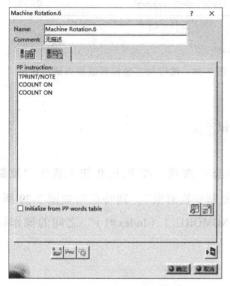。

2) 在图 7-35 所示对话框中输入换刀操作的名称和注释（可选）。

3) 定义旋转参数：

a. 旋转角度。

b. 旋转方向：顺时针方向、逆时针方向或最近使用的选择。

c. 旋转方式：绝对。

4) 单击语法标签，在弹出选项卡中显示图 7-36 所示对应机床旋转操作的语法。

注意：可以从 PP 表初始化，即从 PP 语句表中读取关联于机床的预定义语法，并且语法参数随换刀参数更新。也可以输入不与 PP 表链接的自定义语法。

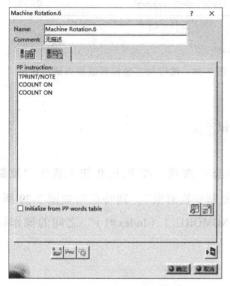

图 7-35　机床旋转操作对话框

图 7-36　机床旋转语法设定

5) 演示机床的转动。只有在零件操作中选择的机床为旋转工作台时，才能生成机床旋转操作。旋转轴线（A、B、C）是读取机床的。

4. 改变加工坐标系或原点操作

1) 在辅助操作工具栏中单击改变加工坐标系或原点操作功能按钮 。

2) 在图 7-37 所示对话框中输入坐标系变换操作的名称和注释（可选）。

3) 定义新坐标系特性。

① 单击原点感应区，选择一个点作为原点。

② 单击轴线感应区，定义对应坐标轴方向。

③ 输入一个在 CATIA 中显示的坐标名。

4) 单击语法标签，在弹出选项卡中显示图 7-38 所示对应改变机床坐标系或原点的语法。

注意：可以从 PP 表初始化，即从 PP 语句表中读取关联于机床的预定义语法，并且语法参数随换刀参数更新。也可以输入不与 PP 表链接的自定义语法。

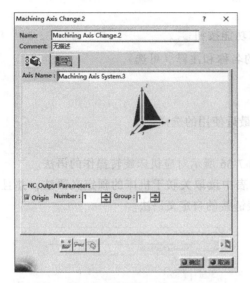

图 7-37　改变加工坐标系或原点操作对话框　　　图 7-38　改变加工坐标系或原点语法设定

5. 复制变换操作

1）在辅助操作工具栏中单击复制变换工具按钮 。

2）选择要复制变换的对象，如图 7-39 所示。

3）在图 7-40 所示复制变换操作对话框中，单击 按钮，在 P.P.R 树上选择"复制变换对象"，再单击 按钮，在 P.P.R 树上选择"复制变换对象"，则特征树如图 7-39 所示，在节点"INDEX.1（Index#1）"到节点"INDEX/NOMORE.1（Index#1）"之间的操作特征为要进行"复制变换"的对象。

4）在图 7-40 所示操作对话框中定义参数。

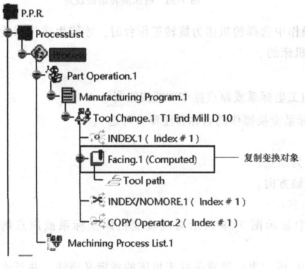

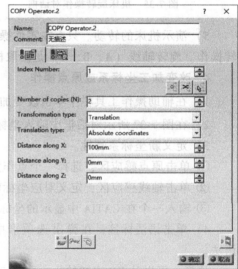

图 7-39　复制变换特征树　　　　　　　　　图 7-40　复制变换操作对话框

如：

① Number of copies（N）（复制个数）：2。

② Transformation type（变换类型）：Translation（平移）。

③ Translation type（平移类型）：Absolute coordinates（绝对坐标方式）。

④ Distance X（X方向平移距离）：100mm。

5）设定参数后，单击 按钮，演示刀具路径，如图7-41所示。

6）单击"确定"按钮，完成复制变换操作。

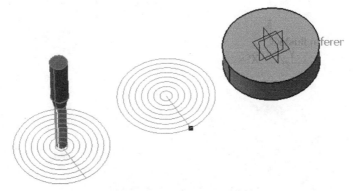

图7-41 平移变换操作结果预览

参考文献

[1] 北京兆迪科技有限公司. CATIA V5R21 数控工程师宝典 [M]. 北京：中国水利水电出版社，2014.

[2] 高长银. CATIA V5R21 中文版数控加工高手必备 118 招 [M]. 北京：电子工业出版社，2014.

[3] 盛选禹，李明志. CATIA 机械加工工艺教程 [M]. 北京：机械工业出版社，2015.